幸福景观

HAPPINESS LANDSCAPE

U0222233

曹宇英 编著

安道设计 策划
ANTAO DESIGN

江苏凤凰科学技术出版社

记忆　惊喜　交往　自由

Memory Surprise Communication Freedom

前 言

你的世界

YOUR WORLD

另一个世界

必须承认，有些人可以活在另一个世界。

他们的观察和创作，影响和改变着人类反思、审美、认知、意识的某个局部。

大约在 30 多年前，意大利 Franco Maria Ricci 出版社出版了一本名为《塞拉菲尼抄本》(*Codex Seraphinianus*) 的奇异绘本。全书以一种未知的语言和文字编写，并配以丰富的彩色手绘插图，描述了对自然和人文的另一种想象。它的内容荒诞、离奇、神秘，甚至有点恐怖和令人不安，被誉为超现实主义和虚幻主义相结合的产物。作者塞拉菲尼(Luigi Serafini, 1949—) 是一位意大利艺术家、建筑师和设计师，对他来说，也许脑洞大开和脑子进水只是人们对同一事物的两种态度。2015 年，这位充满童心的老人来到北京 798 尤伦斯艺术中心，为他的奇异绘本即将出版中文版做一场路演。

如果说塞拉菲尼的"另一个世界"只存在于绘本中，那么比他年长 20 岁、生活在地球另一端的日本艺术家草间弥生(Yayoi Kusama, 1929—) 则有另一股能量，将所幻想的世界以更加多元的方式叠加到现实之中。她的作品得到市场极大的追捧，也影响了时尚界。这段奇异旅程可以追逐到 70 多年前，不到 10 岁的草间弥生开始患有神经性视听障碍，经常出现幻听、幻视。她所看到的世界似乎蒙着一张巨大的网，于是她不停地用重复的圆点把自己的幻觉表现出来，半个多世纪以来，游走于艺术家和精神病患者之间的双重身份，成为草间弥生联通另一个世界的一扇门。

英国建筑师扎哈·哈迪德（Zaha Hadid, 1954—2016）作为当代最负盛名的女设计师，在世纪之交完成了华丽的转型，从解构主义的实验建筑师转化为动感美学先锋。相对于塞拉菲尼和草间弥生的奇异怪诞，哈迪德的设计呈现出较容易理解的审美倾向：流畅、极简、饱满、炫酷，不论是建筑或是家具，皆有一气呵成的气势。然而这种手法纯熟的极致美学所掩盖的，却是对社会公众的高冷姿态，以及对现代形式超乎现实的夸大。哈迪德为中国带来的设计，从巨型建筑银峰 SOHO 到冰塔座椅，都面临着日益复加的批判声。

设计需要创想，而创想突破一定的边界之后，则变成另一个世界的梦。

塞拉菲尼、草间弥生、扎哈·哈迪德，以及许许多多奇异世界的先驱们，让世人赞叹并带来启示，却无法成为指引真实世界迈向幸福的航标。我们也可以想象，如果奇异世界入侵太多，我们的真实生活会面临何等程度的折磨？

问题随之而来: 这些年, 在中国, 来自"另一个世界"的大师作品不断涌现, 而日常生活的空间环境却没有得到相应程度的改善。进入 21 世纪的这些速生城市空间承载着亿万公众的生活, 却每每显得苍白无力和忧患重重。我们并非悲观, 我们相信它本不该如此, 它可以变得更好。

触摸真实

城市需要新颖的标志建筑, 收藏家需要独特的艺术品, 读者也喜爱怪诞离奇的绘本……它们可以作为真实世界的昂贵的"调味品", 却不可能消解现实存在的种种矛盾。

20 年前, 我也怀着各式各样的幻想开始了自己的职业生涯, 在创立安道设计之后, 随着公司规模的扩大和团队的成长, 我渐渐发现: 对社会的真实需求的解答并非来自"另一个世界"。**如果说我们追求设计的终极目的是给人们带来幸福和愉悦, 那么在很多情况下, 那些被贴上"奇妙"标签的设计其实离真实越来越远, 离幸福也越来越远。**

我们仰望大师们的星空, 也必须脚踏实地面对日常生活的世界。

而当创意与真实生活相碰撞, 会产生怎样的幸福火花?

我想起几年前的一次印度之旅, 亲眼看到一些在恒河岸边装罐"圣水"的女子, 虽然贫穷, 却有着虔诚坚定的眼神。也许很难想象, 有一次我遇到一位乞讨生活之人, 却从她的神采中读到了安定祥和的美感。为什么会有这样的触动? 也许因为这些人在他们的日常生活中获得了某种力量。

行走在印度的日常生活之中，你会发现一些有趣的小创意，改变着人们的生活便利度和舒适度。比如集背包和推车为一体的简易竹编、可以煮饭的电熨斗、被改良的三轮自行车……它们无处不在，无不真实，构成这个国度自身的特色和痕迹：改良传统，让它们适应现代生活，这个过程就很有创意。日常设计所体现的创意，才是真正的幸福。

而在中国，一些传统的生活理念正在被快速地遗弃和抹杀。快速发展的城市化追逐数字效应和宏观业绩，而对生活细节的营造显得随意而粗糙，这是令人惋惜的现状，它带来的不幸福感，可以从多数国人焦灼不安的眼神中准确地捕捉到。

即使如此，我们依然相信：只要用心体验，处处可有惊喜；只要热爱生活，就可以不断发现美好的事物。当下的城市环境，留下太多的问题等待我们去触摸和思考，作为设计师，我们有使命、也有责任去为真实的世界做出一些改变。这便是本书的一个初衷。

幸福的景观

这些年，在安道，"幸福设计"逐渐成为一种被客户和员工所认同的理念。我们希望通过空间和环境设计，给城市日常生活带来不同层次的、真实丰富的"确幸感"。它们的点滴累积，构成了改变社会物质和心理环境的幸福景观。这是一种持久的抱负，绝非一朝一夕的风靡和灵感。

在我看来，这些可以称之幸福的景观设计至少应该表达和包含四个方面的含义：

其一，幸福的设计为生活带来美好的回忆。不论是建筑或是人工环境，在策划构思、实施建造之后，必将成为承载某个时代、某个人群的场景载体，陪伴人们经历岁月的痕迹，这些痕迹看似漫不经心，却随着时间而慢慢沉淀。我们在设计实践中，尽量试图发掘场所原有的历史文化线索，将它们转化为某种集体记忆的刻度（宁波万科的灯塔）；抑或将童年的记忆通过现代时尚的方式加以再现（世贸云湖的蜻蜓）。

其二，幸福的设计能够不断地制造惊喜。两年前一个偶然的机会，我们在安道内部成立"Aha 工作室"，针对儿童游乐场地、城市家具、雕塑装置、灯光设计等环节，做了一些实验性的尝试。作为这些尝试的结果，我们发现当人们能够感受到景观和环境设计所带来的惊喜时，场所与人就能形成更有深度的关联。就像"莱蒙水榭春天"里水面上的白天鹅、我们新设计的发光的麋鹿，它们为商业和居住环境带来了阵阵悸动，而又是那么真实和自然。我们希望将这种惊喜不断地延续。

其三，幸福的设计可以促进交往的愉悦。人类是社群生物，情感交流是生活的重要需求。在互联网时代，便捷的通信工具极大提升了信息传递的效率，却使得人们彼此间缺乏面对面的眼神互动。地铁里、餐厅中，拥簇的人群每人低头看着手机，实在不应该是这个时代的幸福面貌。我们为天街设计的星座墙、为金地设计的滑轮环道和趣味运动场地，都希望不同年龄的人群可以走到户外，彼此真实地接触，感受现场交流的那份快乐。

最后，幸福的设计可以延展自由的视角。从哲学意义上说，人类的一切努力，似乎都离不开对自由的争取。江南园林的曲径幽深，反映着古代文人内心对自由的渴望：凡世之中，自得其所。在安道设计，不论是千岛湖浅山的云游情致、上海中凯的都市渔隐，以及我们正在设计的天空之城和玛瑙花园，都试图表达某种内心自由的情感。站在自由的视角，如果打破一些既定的规则和图式，释放景观设计与生活的弹性，必然能够带来一线幸福的生机。

关于幸福景观的这四个方面，构成了安道设计的原动力。不论过去、当下或是将来，安道都在努力通过创意和设计，为城市生活的日常环境注入幸福的能量。在我们必须面对的真实世界里，空间和环境的品质显然存在着种种不如意，如果我们一味地悲观和批判，得到的也只能是更多的叹息；而如果能够积极一些，不妨把现状看作改善和进步的契机，内心自然可以更加从容和安定。我们有理由相信，一个更美好的未来正在等待着我们去经历。

曹宇英

设计，为未来城市注入幸福能量

DESIGNING TOMORROW URBAN CIRCUMSTANCE WITHIN HAPPINESS ENERGY

　　未来的城市最需要什么样的景观？带着这样的问题，我们在世界各地开展实践和探索。

　　虽然德国是现代主义设计思想的发源地，但是近一百年来，功能至上和理性为先的设计哲学，几乎把世界各地的城市带入不可避免的同质趋势之中。今天，中国的城市化依然深受现代主义的影响，而在欧洲，我们却不得不反思其中的困惑和局限。在我们的理解中，未来城市的基本面貌应该是多元、包容、混合，充满个性化的创意和差异化的融合。

　　我们曾经为西方古典主义的几何形制喝彩，也为东方曲折幽深的园林景观着迷，但是当代和未来的城市，不论是东方或者西方，都需要与这两种原型有所不同的景观实践，它应该具备与人类情感交流和连接的更多可能性，而不仅仅是功能和艺术的填充。这些年，我们在公园、庭院、不同尺度的城市公共空间中，都试图贯彻这种具有积极开放精神的场所理念。然后，在中国，我们非常幸运地找到了志同道合的合作伙伴：安道设计。

　　在中国，现代景观设计的私营化实践仅仅有不到二十年的历程（与Topotek1的事务所年龄相近），我们非常惊讶已经有ANTAO（安道设计）这样具备足够规模和专业理想的设计集团，他们在设计的商业价值和文化成就上，都快速地达到了不凡的高度。安道设计的曹宇英先生和他的同行们，用自己独特的视角和语言，指出景观设计所可能面对的一种新思潮：以环境心理学和情景化设计为基础的"幸福设计观"：设计在保留着记忆、制造着惊喜、传递着温情、释放着自由的同时，也为城市生活增添不可多得的幸福感。

这是一种对高速发展的工业时代的巧妙批判，与欧洲先锋景观事务所追求的开放空间、情感空间不谋而合。如果把幸福景观理论加以完善并在实践中获得应用的机遇，当代中国景观设计师完全可以为未来的城市空间做出世界级的突破。而在当下，它作为一种先驱式的观点，值得我们与社会公众反复探讨，不断传播。

于是，这本灵巧有趣的设计读本应运而生，它的编写不仅仅面向专业人士，而通过散文式、故事化的写作，试图让更多的人可以理解景观设计对城市的贡献。感谢安道的邀请，让我为这本新书撰写前言，这显然是我职业生涯中最有幸福感的时刻之一。

Martin Rein-Cano
马丁·瑞卡诺

（注：Martin Rein-Cano 是德国 TOPOTEK 1 事务所创始人、欧洲最先锋的景观设计大师之一，并且在多家世界知名的设计院校担任客座教授）

目 录

MEMORY 记忆

Happiness design by antao

如果说幸福是可以设计的，那么这种幸福感首先来自于对美好时光的记忆。

物的意义

THE MEANING OF THINGS

什么因素让事物变得与众不同？曾有人对一系列普通家庭进行了采访。其中一个普通的妇人在接受采访时指着起居室的椅子说："这是我和我丈夫买的最早的两把椅子，我们坐在那儿，就会想起我们的房子和孩子，以及同孩子一起坐在椅子里享受的下午时光。"

有时候物品的意义和它所带给人的幸福感并不单纯在于好看的外表或者昂贵的价钱。有人把幸福理解为一些简单而确实的"小确幸"，譬如，发

现一本好书或者好电影，和家人或宠物在一起散步，下班后和好友一起吃晚餐，抑或买到一双好看的高跟鞋。当然这些都是幸福的，日常而确定的小满足，然而可能还希望在吃穿住行之外能有一点情感上的波澜，就如同那把椅子，让人想起那些曾经有过的"小确幸"。唐纳德·A·诺曼将人的情感体验分为本能、行为和反思三个层次，反思层次被认为是更高级的层次，更能体验环境和情感的交融，持续的时间也是最长久的，从过去到未来。

物品的意义就在于它可以成为通向某个记忆世界的开关，把人带进那个似曾相识的美好时光里。有时是一把椅子或一朵海棠，有时候就是一个场所故事。人总是自觉或不自觉地重复某些能唤醒记忆的动作，来寄托对那些逝去时光的追忆。而设计者也总是自觉或者不自觉地去挖掘人和物的情感联系，让人和物之间产生一种持续性的情感互动。

一个简单的场景也可能将人带回到某段记忆里

每当闻到迷迭香的气味我就会想起那段在印度的冥想时光。二十岁那年，我第一次去了印度哈里瓦，也第一次认识了一种叫作迷迭香的香草。当时大概是受到披头士乐队的影响，家人对我的印度旅行都十分不解，然而我还是去了。我仍然记得夕阳下波光粼粼的恒河和里面沐浴的朝圣者。我住在静修所里，每天清晨进行一两个小时的冥想，唱着古印度歌谣，花园里总是弥漫着一种类似松木的淡淡香气，冥想老师说那是迷迭香的气味。那段日子非常愉快，从冥想里好像更加认识了年轻时候的我。直到今天，只要闻到那种淡淡的松木香，就会让我想起在印度那段愉快的时光。

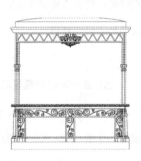

沈阳金地铁西檀府"花样褐石"元素

"我的建筑就是我的自传，"巴拉甘说，"无论是在清醒时，还是在睡梦中，对童年时代喷水的甜蜜记忆一直陪伴着我。"设计师常自觉或不自觉地将那些年代久远的美好记忆映射到作品中，用一种崭新的技法去适应现实的生活。"花样褐石"系列作品就是我们把对久远时代的美好记忆的渴望带回当今世界的一种尝试。我们的灵感来源或许是雨夜街角的柔美灯影，或许是宛如钻石切割的八角窗，又或许是深浅褐色面砖的间杂肌理。雕花拼焊的完美工艺与纽约城市艺术气息有着深刻的历史渊源，并赋予了更加深远的时尚意味。无论是在檀府、檀溪还是檀境，任凭那些精致细腻的花纹在慵懒的午后阳光里弥漫，将花纹样式融入每一个细节中，形成强烈的装饰特征。

沈阳是一座到处残留着大工业化痕迹的城市，而檀府项目刚好位于沈阳工业的核心区域。我们在设计中试图用艺术化的手法来改变工业化遗留的印象，将文艺复兴时期的艺术作品植入项目中，以艺术的复兴来激活旧工业时代遗留的印记，实现"三一重工"的文艺复兴。将不同功能区域的衔接空间扩大为广场，通过艺术巨匠雕塑和现代工业元素点缀，展现出艺术与文明的密不可分，表达艺术性的公共氛围。以《蒙娜丽莎》为艺术原型，将"微笑"的概念植入项目，通过艺术化手法营造出一个"微笑"主题售卖亭；以梵·高的《向日葵》为主题，将装饰画一般的形态和色彩进行具象化，并将这一元素注入构筑物中，旋转不停的笔触映射到背景墙和景观灯柱上，如同冉冉的火焰单纯而热烈。在每个庭院分别选取了不同的

广场中心的雕塑优雅地盘旋向上，沉淀出油画一般厚重而深邃的色调，将人带回那个久远的文艺复兴时代。

/ 沈阳·金地铁西檀府 /

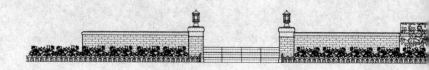

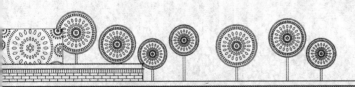

沈阳金地铁西檀府"花样褐石"商业街立面元素:以梵·高的《向日葵》为主题,将装饰画一般的形态和色彩进行具象化,并将这一元素注入构筑物中。

在梵·高的《向日葵》中获取灵感，旋转不停的笔
触映射到背景墙上，如同冉冉的火焰单纯而热烈。
/ 沈阳·金地铁西檀府 /

轴线中心处的雕塑展现了华尔兹舞旋转优雅的姿态，展现出
商业、艺术与生活的密不可分，散发出艺术化的商业氛围。

/ 沈阳·金地铁西檀府 /

景观廊架构成艺术化的街道,精致的铁艺被攀缘植物所覆盖,
在地面上留下斑驳的倩影,廊架的尽头扩大成活动空间,雕
塑叠水成为视觉的焦点,一种古典庄重的美感油然而生。

/ 沈阳·金地铁西檀府 /

艺术作品，将画作中的场景进行提炼升华，在现实中进行艺术化的表达，实现庭院的艺术复兴。"星空"花园以梵·高的《星空》为主题，设计成儿童乐园，在地面上重现旋转的星空的形态和色彩，激发着孩子探索宇宙的奥秘。"两棵丝柏树"主题花园以梵·高的《两棵丝柏树》为主题，以修剪成宝塔形状的柏树作为主要造景元素。"玫瑰"花园以莫奈的《玫瑰》为主题，以各个品种的蔷薇属植物为主要造景元素，展现玫瑰的浪漫和热烈。"田园风光"主题公园以高更的《田园风光》为主题，通过疏林草坪展现舒朗开阔的宅间景观。

在艺境商业街，我们利用原有的火车轨道设计小火车、站台等景观元素，通过绚丽的色彩、精致的细节来诠释对充满艺术气息的商业氛围的理解。

/ 大连·金地艺境 /

故事在场

TELLING STORIES

　　好的设计需要有好的故事，我们希望用故事去增强环境的感染力。这个环境可以是"一把椅子"又或者是"坐在椅子上讲故事的午后时光"，和前面提到的"物"是一个意思。环境对个体刺激产生的最直接的效果就是唤醒，唤醒人的某种情感。如果说设计可以是幸福的，那么这种幸福感更多是源自对空间故事的策划力。**恰如一部好的剧本赋予电影角色鲜活的生命与个性，我们的设计用故事赋予每一个场所更美妙的体验。**通过幸福的叙事方式，突显某个符号或者是一系列符号的联合来加强这种唤醒作用，可以更多地勾起人们对美好时光的回忆，同时在当下的设计中埋下幸福的种子，在未来的某个时间开花结果，唤醒人们关于当下时光的美好记忆。

一个典型化的形象可能会成为记忆的关键因素，成为连接过去与未来的纽带，它需要有着独特而易于记忆的形象，同人的思维进行连接，唤起一连串的记忆。水榭春天是我们在杭州的一个住宅项目，设计之初委托方就赋予了它"春天"这一主题。人对场所的记忆是整体的，由众多元素联合而成的，特别对于一个像"春天"这样一个有点抽象的词汇。

　　关于春天的记忆是什么呢？是院子尽头那棵柿子树越来越低的影子；是渐渐消失的曾经带给人欢乐的雪人；又或许是雨水落在尘土里，清冷的空气混着青苔的气味；也可能是金灿灿的油菜花田，让人忍不住钻进去，然后一只大蜜蜂落在你的鼻子上。春天很短，且掺杂着许多复杂的情感在里面，它不如夏和冬那般纯粹，是热和冷的交界，又包含了千般层次，只有勇敢而坚韧的人才能体会其中的快乐。熟悉的东西来了又去、去了又来，有时还带着一点可惜和刺痛。我常常想如果有一只不属于任何地方的候鸟，不知道来去的路，就高高地停在草坡上、湖水里，那样该多好。光阴在潮汐般的来来往往中，它就在那里，遗忘了炙热和寒冷。

对春天的记忆大抵是一只天鹅，白色的羽翼犹如春雪在阳光下消融，洁白而坚定的脖颈时而仰视苍穹，时而潜入湖底。

在不同的角落布置富有变化但气质统一的天鹅雕塑，为春天增添了生动的元素，将成为场景中每一段故事的共同记忆，这些令人感动的片段在脑海中串联成关于春天的印象。

/ 杭州·莱蒙水榭春天 /

如果那只候鸟一定要有一个具象的样子，我想那是一只白色的天鹅，落在庭院里，优雅的弧线使人对空间产生奇思妙想，日常生活于是在诗一般的气氛中进行。白色的羽翼犹如春雪在阳光下消融，洁白而坚定的脖颈时而仰视苍穹，时而潜入湖底。这大抵也是对春天更加深刻的诠释。在这个项目里我们设计了这样一组天鹅，具有不同的形态和大小，散落在场所的每一个角落里，构成富有韵律感的重复序列。我们想向人们阐释春天不是理所当然的花红柳绿，而生活如同是用嘴叼着一朵花在成长。春天属于勇敢而且坚持的人，就像那群天鹅，忘却来时的路，在错综复杂的交替中依然快乐。

项目建成了，真正的春天也来到了，看到一对新人走在春天的园林里，低头私语。空气里弥漫着绿叶的气息，科学家说那大概是顺－乙酸－3－己烯酯的气味。当他们牵手庆祝结婚50周年纪念日的时候，脑海里最初的记忆是什么？是含苞待放的杜鹃花，还是绿色叶子的鸡爪槭？也许只是那种奇妙的化学物质。他们牵手欢笑，背景里依然是那只天鹅。

　　在另一个低成本的住宅项目宁波万科城中，我们同样抓住一种记忆符号，则演绎了另一个故事。生在海边的孩子或许有这样的记忆，光着脚站在沙滩上，望着浩瀚的大海，等待出海的父亲回家，从黄昏到日落，灯塔亮起来的时候，闪耀着白色的光，父亲的渔船渐渐地出现在视线里，满载的渔船盛满了父亲的笑语，还有从远方带给孩子的小金鱼，小心翼翼地放在玻璃瓶子里。灯塔成了一种希望，它亮起来的时候，父亲就会满载而归，还有给孩子的小礼物。后来孩子长大了，父亲也老了，不再出海，灯塔成了孩子环游世界的梦想，迷惘的时候，看看远方的灯塔，闪着梦想的光亮。

在这个项目的设计中，融入了我们关于海洋的全部记忆。以森为河，通过上层流线型乔木的种植与下层曲线式花卉灌木的搭配，以及大弧度的人行道路的形式，构成了森河空间，宛如一条条绿色的河流。以草为海，中心的大草坪用曲线围合出边缘，如同大海，灯塔在草坪的一端，是中轴景观的焦点，使平面构图均衡统一。

滨湖体验中心是镇海万科城项目的销售示范区，出于委托方对成本的控制，我们对滨湖体验中心进行了低成本改造，将成本控制在每平方米300元以内。在设计中充分挖掘了当地"甬"文化，提取海港"集装箱"这一独特的文化元素运用到我们的项目中，增强了场地的文化属性，同时也增强了景观的体验感。不仅形成了场地的标志性特征，集装箱还具有休憩、洽谈的功能，在有限的空间里，实现了艺术与功能的集合，创造了极具趣味性的空间体验。集装箱金属的质感与枯草相结合，赋予了景观更多时间的痕迹和历史感。在极具现代特色的建筑空间里，融汇借景、框景等造景手法，体现了一种区域文化的传承和贯通，呈现出新潮与现代的空间氛围。

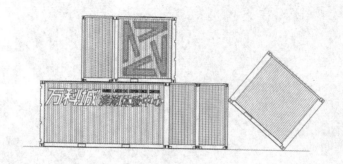

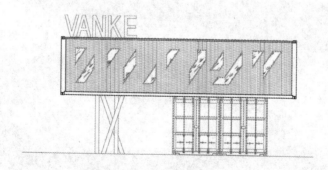

宁波万科滨湖体验中心集装箱元素

在设计中充分挖掘了当地"甬"文化，提取海港"集装箱"这一独特的文化元素运用到我们的项目中，增强了场地的文化属性，同时也增强了景观的体验感。

现代化装饰材料、水景与灯光相互融合，体现了地域文化
的传承和贯通，呈现出新潮与现代的空间氛围。

/ 宁波·万科城 /

集装箱金属的质感与枯草相结合，赋予了景观更多
时间的痕迹和历史感。

/ 宁波·万科城 /

项目在融合了水岸、绿植等自然元素的同时，结合疏林草地、滨水休闲，将各个年龄层的用户体验引入景观空间，营造出具有艺术气息的互动性体验示范区。夜幕下，现代化装饰材料、水景与灯光相互融合，静谧而不失自然，具有很强的时代感，洋溢着一种愉悦的气氛。

　　利用某个记忆符号唤醒人对环境的记忆，在很多时候环境里的人不断变化，但整体环境仍延续着一种固定的模式，构成固有的场所行为。场所犹如舞台，其中活动的人就是演员，演员与其表演场所的特征构成了相互依恋的关系，从而产生一幕幕生动的故事场景。在设计当中，我们可以设计更多能够诱发场所行为的环境，把"椅子"变成"椅子上讲故事的午后时光"。

折线形的阶梯草坪通过地形的变化形成从形态到质
感渐变式的景观，白色的色彩基调，展现了一种年轻
与活力的气质。

/ 宁波·万科城 /

关于绿方块的假说

HYPOTHESIS ON THE GREEN SQUARE

　　景观就像一个研钵，设计师将情感连同各种景观要素融入其中进行研磨与整合，**通过景观空间路线的编排完成从情节到序列的演绎，进而生成一个完整的故事，**变成了一个有所关于的景，能够透过景观本身感受到一种精神的质感，人的情感在其中自然地发酵……

　　丹托那个很有趣的"红方块系列"给了我启发。那么我们也设想有一块方形的空地，种上结缕草，不妨称其为"绿方块系列"。接下来我们开始假设，让景观大师们来为绿方块做设计。

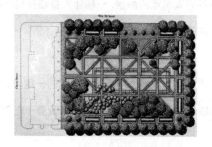

第一块是玛莎·施瓦茨设计的以"绿地毯"命名的城市广场，它所面对的是重要的城市商业金融中心，以充满活力的色块装饰了极具现代感的建筑，用强烈的反差向钢筋混凝土证明着它的存在。

第二块是彼得·沃克为伯纳特公园设计的一小块草地，以"晦明"命名，周围是层次丰富且具有原始气息的乔木，中间被规划出一块方形的草地，随着四季的轮回，阳光或明或暗，草地上留下渐变的剪影。

第三块是约翰逊为玛丽公园设计的一角，命名为"生命的重现"，在废弃的工业场地中，蓬勃生长的草木给人一种生命的力量，没有其他的修饰，单纯的绿色使得在灰暗中似乎看到了生命的循环与重现。

第四块是户田芳树所设计的名为"画意"的庭院，绿草茵茵的庭院，到处可以感受到一种充满画意的静谧，一幅让人身临其境的画，以及流动的质感所散发的浓浓的东方韵味。

第五块是勒诺特亥为路易十四设计的庭院的一角，取名为"瑰梦"，整齐的色块置于绿墙与古堡之间，典雅而从容，隐藏着一座帝国的瑰梦。

一块普通的绿草地被安放在不同背景下，就构成了
不同的人记忆里各自的故事。

/ 北京·丽宫 /

以上是由红方块引发的关于绿方块的假设，5个看似一模一样的绿地被安放在不同的背景下，赋予其不同的内容和意义。按照惯例接下来应该设想的是一个园丁在同样尺度的土地上播种同样的草种，外观看起来与上述并无差别。显然，上面5个绿方块都是景观艺术，而园丁的那个只是一块草地。之所以这样说并不是因为它们出自设计大师之手，而是它们有着内在的共同点，处于某个场景之中，是有所关于的景观，不是单纯的物，是有内容的，内在与外在发生着某种联系。或者说，每一个绿方块都连同场景演绎着一个故事，能够透过景观本身感受到一种精神的质感，穿过绿色方块看到的是"满"的，而并非空洞。

人对一处场所的记忆很多时候源于对景观的情感，人对于场所的认识是一个集体记忆，而景观设计恰恰是让人产生印象和记忆的重要元素。景观设计就像讲故事，设计师用设计语言赋予每一个独特的场所美妙的故事与灵魂。故事不是刻在墙壁上的文字，是有所关于而又无所关于的，它能激发人的联想，触碰到每个人内心关于场景的某种共鸣，至于你想到的是什么就不重要了。人在其中完成设计师预想的剧本，又或者变成了另一个故事，总之景观对于人总能让他找到属于自己的精神满足。

每一个隐藏在不同环境里的绿方块都连同场景演绎着一个故事，能够透过景观本身感受到一种精神的质感，穿过绿色方块看到的是满满的内容，而并非空洞。

/ 无锡·天安曼哈顿 /

云湖

CLOUD LAKE

　　这座园林让人立刻想起了阳光灿烂的午后手握一杯冰镇蓝莓汁在湖边钓鱼的悠闲情致。这是一块伸向湖面的半岛，湖水倒流成了一片自然的湿地，美丽的波斯菊和花菖蒲构成了大片的花海，水汽在花间升腾，蜻蜓挥动着透明的翅膀像个精灵，时而飞舞，时而落在花荫休息，它们大概就是这片花海的守护者。因此自项目伊始，**我们的设计目标就是尊重原生景观和地形，注意保护每一朵花和其中生活的精灵，保留尽可能多的自然栖息地。**这个项目突显了自然栖息地的美，优雅的草坡、古典主义的建筑和美丽的蜻蜓，路径和墙壁一起在湿地上创建了一块令人心旷神怡的空间。

　　蜻蜓属于花间，它们是云与湖之间的自由精灵，在成熟的原生植物中，我们相信设计可以创造一种难以置信的共生方式。通过硬景观创造令人愉悦的审美张力，从概念到形式，刻画出渐变而统一的形象，将形态各异的蜻蜓标志散落在不同的角落，栏杆、雕塑、灯柱、廊架……蜻蜓的剪影成了这里不可缺少的景观要素。这座居所经历了戏剧性的改变，蜻蜓从花海沼泽蔓延到了屋宇庭间，将其特性与独特的环境景观相协调。定制的庭院规划

在云与湖之间,我们提取了蜻蜓这样一个典型元素,
它是云与湖之间的精灵,以此来突出飘逸而空灵的
场所特质,强化人们对于景观的记忆。

/ 成都·世茂云湖 /

云湖精灵是云湖项目的主题，从概念到形式，刻画出渐变而统一的形象特征，将形态各异的蜻蜓标志散落在不同的角落，灯柱、标志、座椅……蜻蜓的剪影成了不可缺少的景观要素，形成人们关于场景的共同回忆。

/ 成都·世茂云湖 /

出了具有当代气息的精致色调，与其邻近的土地环境之间的连接是通过大片的花海、草地、季节的色彩，以及提供了藤蔓与连绵起伏的丘陵之间策略性循环流通进行强化。

　　保持环境的原生性是设计的出发点。景观设计结合场地环境特征来构建新的休闲度假生活，使小景与大景相融，创造出优美而宛若天生的景观。水是场所的主题，通过多种形式的空间转换，不同形式和尺度的水体相互结合，给人带来不同的景观空间体验。镜面水庭院里规则式水池与古典建筑相承接，婉约中蕴含着现代的情愫，云影散落其中，心情在自然与城市间转换。下沉泳池浸染着醉人的蓝，无边际的水仿佛与湖水一起流向天边。夕阳下，微风至，水面、草原、花海交相辉映，大片的色块形成一种流动的质感。

艺术化的铁艺雕塑强化了人对场所的记忆。
/ 大连·金地艺境 /

自我意识情绪

SELF-CONSCIOUS EMOTIONS

　　特别的东西之所以特别，是因为它们承载了特别的回忆。它们帮助拥有者唤醒了特别的感情。回忆反映了我们的生活，提醒我们还有家人和朋友、经历和成就。自我审视形成独特的自我意识情绪。自我意识情绪是一种非面部表情的更高级的情绪，它能够调节和激发人的思想、情感和行为。它作为一种社会信号对社会危机具有调节作用，同时它也是人内在心理的需要，正如心理学家凯梅尼所说："自豪，这样的自我意识情绪，可能是个体感受社会地位的一种方式。"通过对某个行为的自我察觉和自我归因，激发某种自我意识情绪，即使是没有其他人在场的环境中对人的行为和情感仍具有极大的激励作用。

　　激发正面自我意识的有效方式之一是增强自豪感，这也是个人兴趣的积极方面。人在创造一些独特的东西时，会产生自豪感。唐纳德·A·诺曼在他的《设计心理学》中有这样一个例子：20世纪50年代贝蒂·克罗克（Betty Crocker）推出了一款混合蛋糕粉，能让顾客在家轻松做出美味的蛋糕，然而其销量并不好，经过调查发现，原因在于它太简单了，家庭主妇们会觉得自己很无能，而向面粉里加鸡蛋、水、糖……并进行搅拌等一系列动作则让整个过程充满了成就感。

就如邦尼·戈伯特最后总结的那样："真正的问题与产品的内在价值无关，而在于重新建立起产品与顾客的情感纽带。"是的，除了幸福感与产品价值有关以外，更重要的是情感和成就感。在情感反思的层面思考设计，我们为很多家庭做庭院设计，从前是从设计师精准的美学准则出发，精准地规划出每一寸土地该种植什么。我们发现很多庭院在使用中并没有像我们事先设计的那样，园主人可能会拔掉我们精心种植的蔷薇，转去栽种小番茄。调查中发现，人们常陶醉于从一颗种子播种到开花最后到衰老的整个过程，整齐的切花或是正在盛开的盆花很难提供种植的快乐，三毛说："对于离开泥土的鲜花，总觉得对它们产生一种疼惜又抱歉的心理"，虽然动手栽种的过程可能会遇到劣质种子、生长状况不佳、恼人的小飞虫……但仍然沉醉其中。所以在后来的设计里，会预留出更多的家庭园艺空间，让人随心所欲地去发挥，在视觉上可能没有那么美丽，但能让人从中收获更多快乐。叶圣陶说："养花的兴趣不专在看花，种了这种小东西，庭中就成了系人心情的所在。"

养花的兴趣不专在看花，种了这种小东西，庭中就成了系人心情的所在。

SURPRISE 惊喜
Happiness design by antao

幸福的生活需要一点意料之外的惊喜，设计亦然。

禅的风景

THE SCENERY OF ZEN

　　人往往会比较少注意熟悉的事物，科学研究表明最剧烈的大脑反应总是伴随着最意想不到的事情发生。一个简单的例子，"他拿起那个锤子和那个钉子"，大脑对这句话的反应相当微弱，但如果变成"他拿起那把锤子然后把它吃掉"，会发现大脑反应强烈得多。

　　人常常因为适应性而产生审美的疲倦。也许昨天还令人着迷的东西，在今天看来已经索然无趣了。因此人总要不断地去新的地方，尝试新的事物，寻找新的乐趣。对于设计工作来讲，也是给了我们更多的机会，如果都是一成不变，设计师可能会变成只会复制的匠人。**就算曾经认为别出心裁的设计终会落入平凡的轨道，但在此刻我们仍在制造惊喜。**

　　建筑师亚历山大在《建筑模式语言》提出了253种设计模式，其中有一种叫作"禅的观看"："如果有美丽的景致，不要在这些地方建造宽敞无比的窗户，这样会把美景毁坏殆尽。相反，应该把面朝景观的窗户设在一些过渡性的地方——沿着过道，在走廊上、入口处、楼梯旁或在两个房间之间。"这源自一个佛教高僧的故事：他住在一座风景优美的山上，在山上建了一面从各个角度都遮挡风景的墙，只有在通往山顶的路上才能短暂地一窥美景。尽管日复一日地穿梭其间，但美景仍能保持永恒的鲜活。

一项设计怎样能在长久的熟悉过后仍然保持它的新鲜呢？设计师朱莉·卡斯拉夫斯基认为，秘诀就是诱惑。诱惑是一个过程，它能带给人丰富而持久的体验。菲利浦·斯塔克说"外星人榨汁机"不是用来榨汁的，是用来打开话匣子的。它在形状、造型、材质等方面都与其他厨房用品有着本质的不同。它的造型如此与众不同，足以让人大发好奇之心，而当真正认识到它的用途的时候，那种惊喜之感就更加强烈，日常的榨汁行为已经变成了另外一种体验。尽管它并不十分好用，但从本能的感知角度却给予了足够的诱惑。

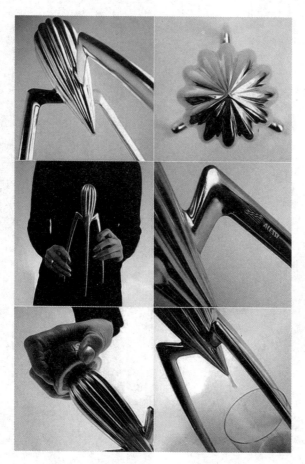

外星人榨汁机

建筑的玻璃外墙与前面的静水面在质感上形成统一，营造出现代、轻盈的氛围；错落排列的书籍雕塑增加了场景的故事性。

/ 郑州·金地格林公园 /

设计制造惊喜

DESIGN CREATES SURPRISE

在今天这样一个网络发达的环境里，互联网将一些不美好的假象或真相暴露于人们的眼前，这些渐渐地侵蚀了人们对于生活的信心和好感，在面对畸形发达的媒体时，人有时会变得更加沉默。大多数人每天依赖网站和移动应用进行交流，虽然从表面上看，它满足了人们维系社会联系的基本需求，但实际上它正在破坏这种联系。那么一种纯粹的、切实可见的美好就非常可贵，无论是名副其实还是虚有其表，都会在某一时刻带给人实实在在的愉悦。就像人们对迈克尔·格雷夫斯所设计的茶壶的批评的反驳，"我很喜欢这款茶壶，当我早晨醒来踉踉跄跄走进厨房沏茶时，它总能让我微笑。""尽管它有点难用，但又有什么关系呢，小心一点就好了。它好看得能让我微笑，这是清晨的第一件事，没有什么比这更重要。"

设计的力量有时就是将那一瞬间实实在在的美好带到人的面前，就像吃了一颗糖果，不用去考虑它的营养或者其他价值，只是在放到嘴里的那一刻，感觉到了甜蜜的满足就够了。我第一次走进斯德哥尔摩的地铁站时非常吃惊，它看上去就像是一个洞窟，墙壁和天顶都是裸露的岩石，在这些凹凸不平的岩层上，有着不同颜色的彩色装饰。在 90 个地铁站内，可以看到大

斯德哥尔摩地铁站壁画

约 140 位艺术家风格迥异的艺术作品，可谓是全世界最长的美术馆。川流不息的人潮与其他大城市相比没什么两样，一旦把目光转向那些奇特的浮雕，就会感到无尽的惊喜。

　　"我想用色彩把战争的创伤弥补上，如果我能把墙上的弹痕涂上颜色，就可以抹掉人们对战争的记忆。"阿富汗艺术家山米希亚·哈森尼在战争过后的断壁残垣中进行涂鸦，试图用色彩和图形来掩盖那些不愉快的记忆，虽然伤痛依然存在，但看得见的美丽能让人坚强乐观地面对。她说："我想让阿富汗因艺术而出名，而不是战争。"艺术家很幸运，能用某种艺术形式慰藉这个世界，为生活创造些许幸福感。

形式变化但风格统一的景墙和涌泉水景，从平面上看
规则的矩形被重新切割和组合，形成了自由而灵活的
韵律，现代的线条所表现的是传统东方的意境。

/ 宁波·万科华侨城欢乐海岸 /

欢乐海岸

DELIGHTFUL COAST

一条锈色的山峦一侧与城市联系，一侧与栖居处联系。欢乐海岸示范区的意义在于，**通过景观设计和简单的材料，将城市与居所相连接的一小块区域转变为具有丰富空间和视觉体验的场所，**利用传统元素把昔日的生活片段进行了创造性的组合。现实中的城市既不是理想中那般干干净净、泾渭分明，也不是传统文人眼中的城市山林，而是一种混杂的集合，派生出诸多细节，没有视觉焦点却充满了更多可以令人心动的可能。我们在这里想做的是通过一些设计上的改变让这片区域不再是一个匆匆而过的地点，而是成为能让人触动心灵的场所。

在设计中将现代主义的硬景形式与东方造园理水相结合，对东方传统园林进行现代的演绎，在保留传统精髓的同时进行大胆的创新，提炼出符合现代审美的高贵与优雅及心灵的融合。景观配合建筑风格进行设计，以新亚洲格调为主，以现代简约的留白风格，营造平和、静怡、丝丝禅意的淡雅之境。在空间组织上，运用"起、承、转、合"的布局手法，努力在小空间中营造出步移景异的效果，创造艺术化的禅意生活空间，形成散发式的网络结构，获得建筑空间与景观空间的渗透。

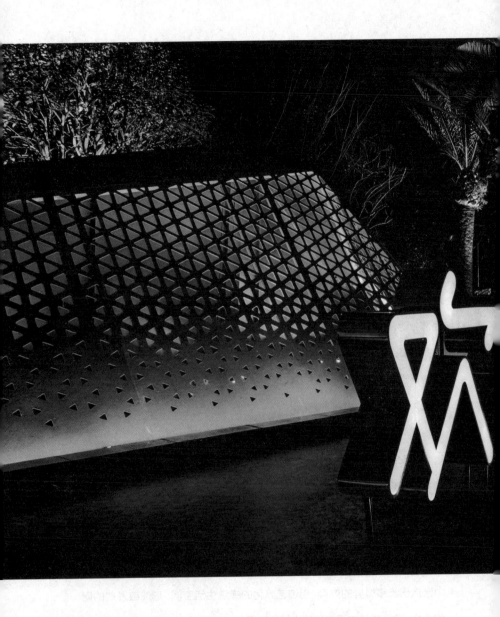

锈色镂空钢板曲折延伸，金属坚硬的质感切割成多面体，如同起伏的山峦，表现出现代元素的简洁，抽象出一幅具有现代质感的山水画卷，在城市核心区域演绎都市山水意境。

/ 宁波·万科华侨城欢乐海岸 /

售楼处入口构架手稿（余友贤绘）

在原有入口轴线上，道路两侧以密闭性绿化为主，植物种类单一，层次混乱，同时缺乏标志性景观元素，不能形成项目的地标性特征，也不能与城市界面形成良好的融合和互动。我们在改造过程中保留了轴线上对称排列的海枣树，同时对背景植物群落进行了梳理，增加了景观的层次，增加了草坪面积，使得海枣树阵气势更加得到突显，浓郁的地域风情成为园区的标志性特征。同时在入口轴线及面向城市道路的位置增加了全园景观标志性元素——景墙，形式变化但风格统一的景墙和涌泉水景，从平面上看规则的矩形被重新切割和组合，形成了自由而灵活的韵律，现代的线条所表现的是传统东方的意境。锈色镂空钢板曲折延伸，金属坚硬的质感切割成多面体，如同起伏的山峦，表现出现代元素的简洁，抽象出一幅具有现代质感的山水画卷，在城市核心区域演绎都市山水意境。

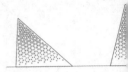

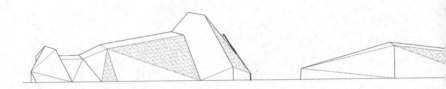

在改造过程中保留了轴线上对称排列的海枣树，同时
对背景植物群落进行了梳理，增加了景观的层次。

/ 宁波·万科华侨城欢乐海岸 /

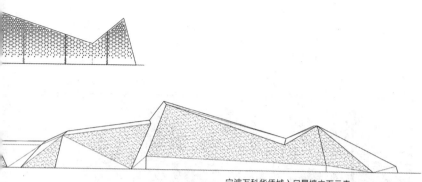

宁波万科华侨城入口景墙立面元素
金属质地的景墙在空间中划出一道自由折线,构成联系城市界面与住区生活的起伏山峦。

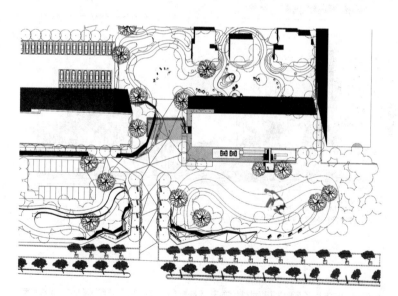

宁波万科华侨城售楼部平面
在空间组织上,运用"起、承、转、合"的布局手法,努力在小空间中营造出步移景异的效果,创造艺术化的禅意生活空间,形成散发式的网络结构,获得建筑空间与景观空间的渗透。

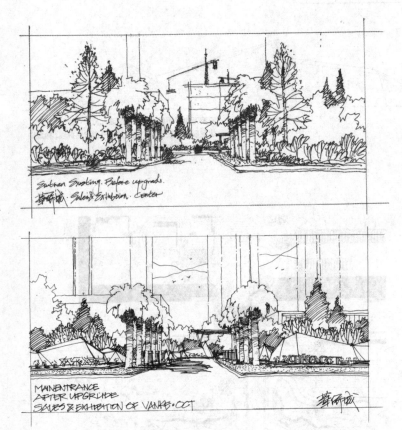

设计前后入口对比手稿

在原有入口轴线上,道路两侧以密闭性绿化为主,植物种类单一,层次混乱,同时缺乏标志性景观元素,
不能形成项目的地标性特征,也不能与城市界面形成良好的融合和互动。

我们在改造过程中保留了轴线上对称排列的海枣树,同时对背景植物群落进行了梳理,增加了景观的
层次,增加了草坪面积,使得海枣树阵气势更加得到突显,浓郁的地域风情成为园区的标志性特征。

同时在入口轴线及面向城市道路的位置增加了全园景观标志性元素——景墙,形式变化但风格统一
的景墙和涌泉水景,以现代的线条表现传统东方的意境。

对构架进行修改，将顶部平行的线条进行折叠，构成多维尺度上的多面体，在材质和色彩上与入口景墙相协调，形成景观的连续性，而竖向的支撑简化为两根立柱，增强了景观的通透性。

/ 宁波·万科华侨城欢乐海岸 /

原有售楼处构架结构单一，与整体景观缺乏联系。空间组织形式也过于直白，其背面空间与入口道路连成一体，不易营造空间的进深感。我们在改造中，对构架进行修改，将顶部平行的线条进行折叠，构成多维尺度上的多面体，在材质和色彩上与入口景墙相协调，形成景观的连续性，而竖向的支撑简化为两根立柱，增强了景观的通透性。在构架背面增加了景墙和背景绿化，使得这里成了一个相对狭长的通道，空间尺度对比增强，形成了步移景异的效果。此处景墙的山水形式也进一步被抽象，延续入口的风格，而水景转化成黑色的鹅卵石，其上是游鱼雕塑，自然山水被高度地概括和提炼，更加具有东方的况味。

景墙的山水形式也进一步被抽象，延续入口的风格，
而水景转化成黑色的鹅卵石，其上是游鱼雕塑，自然
山水被高度地概括和提炼，更加具有东方的况味。

／宁波·万科华侨城欢乐海岸／

景墙成为沟通园内外的纽带，庭院与城市形成良好的互动。

/ 宁波·万科华侨城欢乐海岸 /

草坪上点缀小型游戏装置,烘托出活泼欢乐的气息,
周边设计座椅,供家长休息,满足了人性化需求。
/ 宁波·万科华侨城欢乐海岸 /

售楼处被静水池所围绕,从建筑延伸出木质平台,在特定区域设置座椅,提供休憩空间。空间通过植物、镂空景墙相互分隔,既保护了客人的隐私又不会产生过于压抑的感觉。

/ 宁波·万科华侨城欢乐海岸 /

云门

CLOUD GATE

  这是一个售楼处的景观设计项目,在两条路的转角位置,两边的街道有点沉闷。建筑有点中式的传统韵味,并且呈现出一种半包围的态势。我们从这个场地形态出发,以构图方式将环境转换为舞台的形态,场地中部的艺术装置就如同深入在老城市一贯韵律的一个外音,唤醒了整条街的观感。如果你熟悉金华和那座金山,**这样一种场地构图会让你产生既熟悉又陌生的感觉,让人在心里总是隐隐觉得这里和城市有着某种联系。**

金地江南逸售楼部云门装置设计概念手稿(陈惠松绘),以自由的云形符号增加场景的活力。

  以云门为主题,融入中国传统文化符号,引云、松、水、石入画,在黑、白、灰三大色块的建筑基底上,增加灵动的元素符号,成为画面的点睛之笔,打

"在云端"主题景观装置以穿透云层的光柱和云构成主体，由不锈钢板抛光焊接而成，镜面反射的影像使得每一个人都主动或被动地参与了这场公共活动，这里成为一个互动情感体验的重要场所。

/ 金华·金地江南逸 /

镂空回纹装饰屋顶，以线条的向外延伸营造出连续不断、循环往复的动态感，方形回纹反复连续营造出纹样的空间流动感。悬挂不锈钢云形装置，与广场云门装置相呼应。

/ 金华·金地江南逸 /

造"静、清、雅"的景观意境。在空间组织上，从中式园林的叙事性出发，结合人的情绪变化节奏，通过一条主要轴线贯穿，层层递进，运用景观大对比的手法，干净利落地表达出水面、雕塑、建筑之间的比例关系。

售楼处建筑特征明显，并且建筑前空间有限，景观作为辅助，设计中如何在与建筑风格相协调的同时突显景观氛围是我们首先要解决的问题。此外场地周边环境恶劣，如何在不影响视线的情况下对周边环境进行适当修饰也是我们设计的重点。在设计中通过从内庭到广场铺装的延续来实现，与建筑立面相衔接，同时折线图案增加了空间的视觉尺度。在广场核心位置，进行点式竖向景观的营造，云门互动景观装置增添了场景的趣味性和体验性，成为独特的记忆点，同时也将视线影响最小化。

"在云端"主题景观装置以穿透云层的光柱和云构成主体，由不锈钢板抛光焊接而成，镜面反射的影像使得每一个人都主动或被动地参与了这场公共活动，这里成为一个互动情感体验的重要场所。云上镶嵌彩色射灯，照射出斑斓的灯光，仿佛云间洒下的阳光，灯光下的人们与光影追逐嬉闹，其乐无穷。

云上镶嵌彩色射灯，照射出斑斓的
灯光，仿佛云间洒下的阳光，灯光下
的人们与光影追逐嬉闹，其乐无穷。
/金华·金地江南逸/

一些令人惊喜的片段

SOME AMAZING PIECES

　　在解决了基本物质需求的后城市化时代,设计的真正魅力也许不再是功能和逻辑,而是让景观和环境给人们多一些情绪上的感受,为生活平添一份独特的惊喜。**在环境之中但凡可被感知的物质因素,大多与景观设计息息相关。**我一直想做的就是希望能够为传统的景观和空间赋予一些不一样的惊喜,给予不那么完美的现状一点改进的动力,让它放下包袱去拥抱创新和变化。

格林东郡入口雕塑

在格林东郡入口，我们讲述了一个关于不来梅的音乐家的故事：一群小伙伴要去遥远的不来梅城，带着音乐家的梦想，凭借他们的勇敢与智慧战胜了强盗。

在融汇公园的入口处我们利用高差塑造出具有视觉冲击力的台地式景观，形成富有趣味性的场景空间。给孩子讲了一个关于大棕熊的故事，将现代景观与地域文化做了戏剧化的拼接。吃了麻辣烫的大棕熊被辣得满地打滚，慌慌张张地想吃巧克力来缓解，不料巧克力盒子不小心掉在了地上，各种颜色的巧克力豆滚得到处都是。各色的巧克力豆散落在全园的各个角落，贯穿整个场景，由此拉开了我们关于森林的故事序幕。

融汇公园雕塑设计手稿（陈惠松绘）

融汇公园雕塑效果图

金地艺境小火车

在艺境商业街，我们利用原有的火车轨道设计小火车、站台等景观元素，通过绚丽的色彩、精致的细节来诠释对充满艺术气息的商业氛围的理解。铁艺栏杆、雕花拼焊的完美工艺让纽约城市的艺术气息蔓延，在雨夜的街角，在树影婆娑下，那优雅的铁艺灯影，柔软温和的灯光犹如故事里必不可少的风景。

在龙湖天街屋顶花园，红锈色镂空十二星座景墙采用耐候钢材质，色彩饱和度具有极强的视觉表现力，以此进行空间分隔，使场地变得简练而明快，粗糙质感的表面充满了时光的痕迹，刻在墙面上的文字彰显了一种古老的文明，十二星座图案骨架镶嵌白色LED点光源，在夜幕下更加醒目。

就是通过这些小的细节，导演出一个个叙事空间，每推开一扇门都有惊喜，一幕幕场景依次展开。

龙湖天街星座景墙

香悦郡鸟类认知墙
木质纹理的景墙上悬挂各种鸟儿图
案，就像一个自然和艺术的展览。

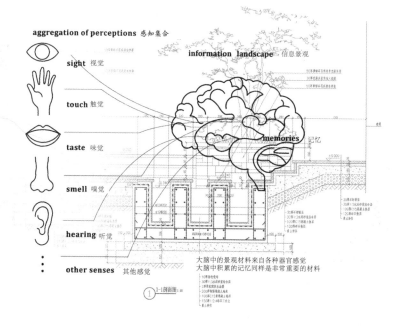

aggregation of perceptions 感知集合

sight 视觉

touch 触觉

taste 味觉

smell 嗅觉

hearing 听觉

other senses 其他感觉

information landscape 信息景观

memories 记忆

大脑中的景观材料来自各种器官感觉
大脑中积累的记忆同样是非常重要的材料

多种感觉的延展

A VARIETY OF FEELING EXTENSION

　　人在与环境相接触时，主要靠视觉来体验环境，而环境本身并非仅仅是一个视觉对象，人可以通过多种感觉（视觉、听觉、嗅觉、触觉等等）来体验，而不同的感觉之间也会相互影响。德国美学家费歇尔做过这样的论证："各个感官不是孤立的，它们是一个感官的分支，多少能够互相代替，一个感官响了，另一个感官作为回忆、作为和声、作为看不见的象征，也就起了共鸣，这样，即使是次要的感官，也并没有被排除在外。"**多种感觉与环境的相**

互作用可能会产生意想不到的惊喜，钱锺书先生在对通感的研究中有这样一段论述："在日常经验里，视觉、听觉、嗅觉、触觉、味觉往往可以彼此打通或交通，眼、耳、舌、鼻、身各个官能的领域可以不分界限。颜色似乎会有温度，声音似乎会有形象，冷暖似乎会有重量，气味似乎会有锋芒。"原研哉在阐述自己对设计的理解时说道："人不仅仅是一个感官主义的接收器官的组合，同时也是一个敏感的记忆再生装置，能够根据记忆在脑海中再现出各种形象，在人脑中出现的各种形象，是同时由几种感觉刺激和人的再生记忆相互交织而成的一幅宏大图景，这正是设计师所在的领域。

触觉是人类醒来的第一个感觉，婴儿在还不能看见这个世界的时候就已经能感受到妈妈肌肤的温暖。为了对环境有更确实的感受，我们用皮肤去触摸周遭，感受石块的厚重和粗糙，感受木质的温度，感受水流的速度和柔性。我们通过触觉感受生活，认识更真实的世界。从真实的感受中可能会获得更多的惊喜。

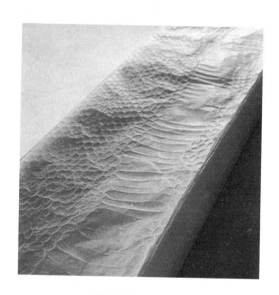

蛇皮纹样擦手纸巾——隈研吾

不同材料与肌理在场所中相互碰撞，木头、金属、玻璃、石头被融合在一个场景里，让景观层次愈加丰富。

/ 杭州·香悦郡 /

原研哉在《设计中的设计》中写道："比如说一张展览会的门票，虽然上面印着的图片和文字是视觉的东西，但承载着某些信息的纸张已经不再是一个简单的、抽象的白色平面。它可以通过指尖，让我们感受到纸张的物质性，虽然这种感觉很是微妙，但是在我们的心理上这是有重量的。当我们用手把这张门票搓成一团，或者把它折叠起来的时候，就是它刺激触觉的时候。如果它上面印的是一幅森林的图片，这张图片带来的就不光是视觉刺激了，还会唤起我们对森林的记忆，包括听觉、嗅觉在内的各种记忆都会因为这种微妙的刺激而被唤起。其最终结果是在观者的脑海中，形成一幅由多种刺激组合形成的综合形象。"

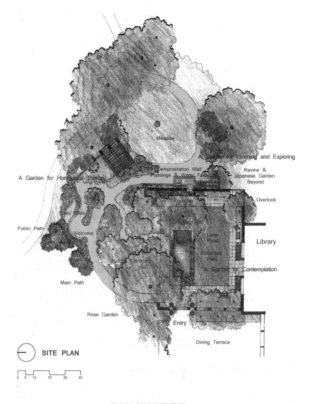

克利夫兰植物园平面

  我曾经去过美国克利夫兰的一座植物园,它是由图书馆改建而成的,后来用作康复花园。在那里我的感觉是人和植物不是分离的,草坪上没有写着"禁止踩踏"的字样,植物园到处都体现了不同人接触植物的可能。草坪使用了一种特别的草种能够适应轮椅。康复花园的核心区域是一个以园艺疗法计划为特征的示范园,那里有抬高的花床和可触摸的植物,人们不仅可以看植物、触摸植物,还可以通过园艺栽植治疗某些疾病。人行道延伸至一面引人注目的展示壁,它是由经过认真筛选的当地的石头和有趣的植物组成,吸引着人们驻足触摸。

克利夫兰植物园

午后的阳光洒过白色的座椅,镀上了一
层淡淡的金色,温暖而惬意,周遭开敞
的铁艺灯饰充满了装饰主义的色彩。
/ 杭州·方圆府 /

听香

LISTEN TO THE FRAGRANCE

徐志摩曾这样写道:"瀑吼,松涛,鸟语,雷声是我的老师,我的感官是他们忠实的学生。"生活最美好的状态似乎并不是主观地去设计出什么东西,而是努力将周遭恢复到原本的样子。**声音是一种看不见却能带给人无限美感和想象的东西,可能就在转身间一段独特的声响点燃了眼睛无法看到的愉悦情绪。**

声音还原了生活的本来面目,给了人日常的安稳感觉,就像北风在耳边吹过,我不用看到它的样子就很熟悉,就好像故乡的冬天,两边是高耸的砖墙,风穿堂而过,萧萧簌簌,心里反而踏实且温暖,这就是真实的日子。还记得第一次去扬州的个园是个盛夏,也是在一个狭窄的过道里,墙面上是大小相同的圆洞,风在狭巷高墙间流动,就好像似曾相识的某个日子,一种清冷的舒适环绕着整个情绪。

施泰因·埃勒·拉斯姆森(Steen Eiler Rasmussen)在《建筑体验》最后一章"聆听建筑"中提到,声音在空间中的反射和吸收直接影响到人们对给定空间与心理的反应,并认为我们应当意识到声学在人们对空间和体积的理解和感知上所起的作用。声音的存在创造了一种整体的场所概念，如果没有声音的存在，城市中有关家、场所的形象就不完全，就难现活灵活现的真实生活。因此，声音在创造一种主体清晰的城市意向上也起到了十分重要的作用。

苏州狮子林"燕誉堂"庭前有一湖石假山，旁植牡丹与玉桂。玉桂花开如玉，香气扑鼻。其前廊东面洞门砖额上有"听香"二字，与西面砖额题字"读画"相呼应。众所周知，香气是靠鼻子闻，而无法用耳朵听，这里以"听香"二字点景，其实另有深意。例如：牡丹在中国文化中代表富贵，玉桂之"桂"也同"贵"字谐音，在庭院前种植牡丹、玉桂就有"玉堂富贵"之吉祥喻义。"读画"即提示观者要静心观看，读懂景中之画意。"听香"则需参与者"关闭"耳目感官，返归心灵用心感受。由"读画"到"听香"，实际上代表了艺术欣赏由表及里的认识深化过程，从而加强了这一景观内涵的深刻性，具有哲理意蕴。园林艺术的升华就是从形态美到意境美的过程，芳香植物营造了散发着幽幽清香的景观，是自然的真实反应。

路易·里加诺（Louie Rigano）设计了一款影子窗帘，它模拟了阳光透过窗外枝繁叶茂的植物照在窗帘上的景象，将短暂的光影印在了窗帘上面，仿佛推开窗子就是温暖的阳光花园，这个美丽的短暂的瞬间永久地留在那里。其实透过影子想象外面的景象本身就是一种假象，光影给人以半真半假的虚幻印象，而这个窗帘上面的假影子就好像可以听到的香气、看到的歌声，在美好的世界里，虚与实、真与假都不那么重要了。

水玻璃——隈研吾

鸡蛋花雕塑设计图

鸡蛋花设计手稿（陈惠松绘）

　　有一段时间我对形式和结构十分着迷，因而我尝试着用形式感去激发对气味的感受。在做鸡蛋花的雕塑设计时，我并没有设计过多细腻的细节，相反却探索出一种全新的形式感，采用质地坚硬的花瓣和紧固的叶片，设计的意图就是通过灯光下炙热的色彩和均衡的结构来让人"看"到浓烈的香气。而在铁西檀府项目里，设计了一个静水池，静水面上散落着具有金属质感的香槟色银杏叶片和银色果实，与水池旁边的银杏树相呼应。深秋，植物的叶片飘零殆尽，枝干的脉络历历可见，反射出斑驳的美感，就像叶子落进了星星的反光里，场景变得充满故事，似乎在诉说着什么。来到水的边缘，举着灯盏，水是冷的，金属的冷光里似乎散发着幽幽的苦味。

把家深藏在花园里，享受着四季的芬芳。蜿蜒的林荫小径比起走直径变化更加丰富,太阳有时在左侧,有时在右侧,视线有时被树丛遮遮掩掩,又忽然豁然开朗,给漫步者提供一种沉思默想的极好地点。

/ 杭州·方圆府 /

海花岛植物园

BOTANICAL GARDEN

　　这个设计的主要意图是在火山溶洞的外部形态下建造一座花园。高高低低的树木和蜿蜒的小路组成了传统植物园的基底。各种景观廊架架空在其上，叠加在一起组成了一个更大的景观系统。二者之间视觉和流线的关系在设计时变得至关重要。

　　我们以溶洞等形式建立起贯穿全园的立体景观模式，由于地处热带，天气炎热，溶洞的形式有效地实现了遮阴效果，减少了地面水的蒸发，降低了地表温度，立体的景观形式还创造了多角度的观赏视角，从不同层次观赏雨林景观，从底层的蕨类到上层大乔木都一览无余，同时营造出在玛瑙中穿行的奇幻效果。通过一个综合性雨水循环系统，对雨水进行收集、传送及再利用。地块外围以火山口状的坡地进行围合，地下安装雨水收集模块进行雨水蓄积，然后沿地块底部通道输送到达其他位置，用以灌溉、景观用水及温室冷却用水，实现雨水的循环与利用。

　　海南岛北部是我国新生代火山频发地区，火山熔浆冷却经历年代的洗礼而形成璀璨的玛瑙。为了还原海南岛独特的地理地貌，我们提取"玛瑙"元素，

海花岛植物园珊瑚海设计图

珊瑚海是仙人掌及多浆植物展示区，展现热带沙漠景观。酷热干旱的沙漠中顽强生长着一片片绿色的生命，远远望去是一种令人叹为观止的奇观，给游人带来一种奇妙的体验。场地中心点缀的几棵面包树，构成视觉焦点。种植的植物以多浆植物为主，包括珊瑚树、野生仙人球、龙血树等，形成生意盎然的沙漠绿洲。

海花岛植物园隐雾森林设计图

隐雾森林区所展现的是热带雨林景观,底层植物以蕨类及阴生植物为主,包括桫椤属、铁线蕨属、鹿角蕨属、鸟巢蕨属、槲蕨属、安祖花属、花叶芋属等。上层植物选择雨林乔木,包括火焰花、无忧花、印度胶榕、人面子、白千层等。同时还展示了兰科及凤梨科植物,石斛兰属、兜兰属、文心兰属、万代兰、卡特兰属、大花蕙兰属、凤梨属、水塔花属、姬凤梨属等植物。为体现热带雨林景观特色,雨林空中栈道与绿色构架、丛林树屋、热带奇花异果等相结合,游人穿行其中,可以感受到雨林的静谧与神奇。

以斑斓的色彩贯穿始终，将植物园打造成"玛瑙"主题的大型雨水花园。全园设计以创造奇幻空间体验和领略世界各大植物奇观为出发点，游览路线结合场地的高差变化，营造云城、时光隧道、隐雾森林、天空之城、绿穹、珊瑚海、夏尔、琉璃崖、无色海、梵音谷十大奇观，游人身临其境，就像开启了一段奇幻之旅。全园植物配置意在模仿自然界的植物奇观，包括孑遗植物区、雨林及阴生植物区、温室区、攀缘植物区、沙漠及多浆植物区、蘑菇及苔原植物区、花卉植物区、岩生植物区等，带游人领略不同生境下的植物景观，感叹奇花异果的奇妙。在灯光设计中，通过连续、渐变、起伏和交错等手法实现整体有序的画面空间。我们将照明分为三大功能：照明、引导和美化，在入口等广场空间以舒适安全、视野开阔的功能性照明为主，同时利用灯光在夜间为游人提供流向引导，通过灯具安装位置、加强标识系统照明及强化边界性等措施实现灯光的引导功能。此外，根据不同区域的景观特点结合灯光设计，营造另一番奇异景象，延续植物园的美景。

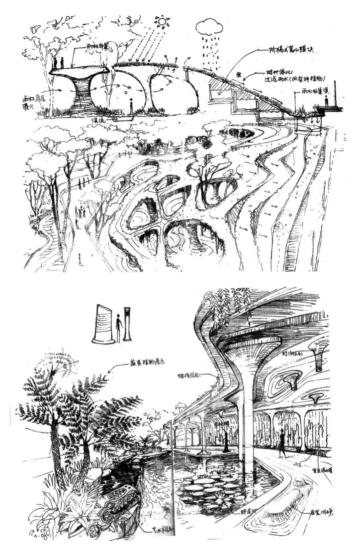

海花岛景观构想手稿（占敏绘）

园区采用立体景观、溶洞等形式进行连接，溶洞的形式有效地实现了遮阴效果，减少了地面水的蒸发，降低了地表温度，立体的景观形式还创造了多角度的观赏视角，从不同层次观赏雨林景观，从底层的蕨类到上层大乔木都一览无余，同时营造出在玛瑙中穿行的奇幻效果，为游客打造了一段舒适奇幻之旅。

COMMUNICATION交往

Happiness design by antao

通过设计让人感受到人与环境、人与人交往的快乐。

社交愉悦

SOCIAL PLEASURE

　　社交的愉悦是人和人在交往中获得的快乐，人是社会性动物，强大的进化历史已经让人具有了与生俱来的交往欲望。现代社会日益强大的通信技术也证明了这一点，人常常处于一种交往的状态中，不管是有效的还是无效的，很少有人单纯地处于一种完全孤立的状态。在美国有一家老人院，设施非常豪华，但是住进去的老人并不快乐。老人院的隔壁刚好是一个幼儿园，院长就和幼儿园园长商量让小孩子来老人院的花园里上课，小朋友来了，情况就不同了，老人都跑出来看小朋友。时间久了老人和小朋友熟悉了，就分成组，一个老人和几个小朋友在一组，每天进行交流和互动。交流什么呢？讲故事。老人给小孩子讲他们以前的故事，从前他们有多厉害的故事，那些家人和其他成年人不愿意听的故事。因为他们才说到第一个字大家就知道后面讲什么。而小孩子不怕重复，而且喜欢听故事，就在这样重复的交流中，老人和孩子都过得很快乐。

　　在现代办公环境中，茶水间往往是即兴聚会的地点；家庭里厨房、餐厅也是更受欢迎的交流场所；图书馆里人们经常会聚集在阅览室外的休闲座椅上……可见，**放松状态下的、非正式的交流会让人更加轻松和愉悦**。"社交厨房"的概念源自新西兰顶级厨房电器品牌斐雪派克开展的一系列有关社交厨房的主题活动和设计论坛。在中国人的传统认识中，厨房给人的印象是封闭的、烟熏火燎的地方，因此有"君子远庖厨"的说法。"社交厨房"的提出，带来了一种生活方式的变革，可以说是对现代生活方式的改变所做的积极尝试。其实厨房向社交功能的转变已经由来已久，正如科宝博洛尼厨房产品所倡导的理念那样——厨房不应该被藏匿起来，而应该是一个用来和家人、朋友共享的愉悦空间。

厨房是用来和家人、朋友共享快乐的愉悦空间。

在居住层面上，人们通过对社交需求认识的不断加深，做出努力的尝试。20 世纪 60 年代最早在丹麦出现的"合作居住"就是一种积极的尝试。它致力于创造一种社区集体生活，社区由居民参与设计和管理，社区内部定期举行公共活动，加强社区成员之间的交流，创造一种互动的邻里关系。随后这种模式不断发展和演变，在世界各地都有广泛的影响。加拿大的风之歌社区（Windsong Community）是北美地区最具代表性的合作社区之一，它的核心目标就是鼓励居民之间进行广泛的互动和开放的沟通，社区的建造过程、生活管理方式等都体现了这一核心特质。"you+ 国际青年公寓"一度是小仓库改建而成的办公楼，而后被改建成一个年轻人群居的公寓。它让一栋大楼里的一大群年轻人像家人般紧密联系起来，他们亲切地称彼此为"家友"。这是利用互联网思维对传统产品进行的一次成功改造，但又是"反互联网"式的，将线上的社交潮流转移到线下，方法就是通过提供更多的公共空间与服务，让每一个用户都能享受"开放、平等、协作、分享"的互联网精神，从而拉近人与人之间的距离。

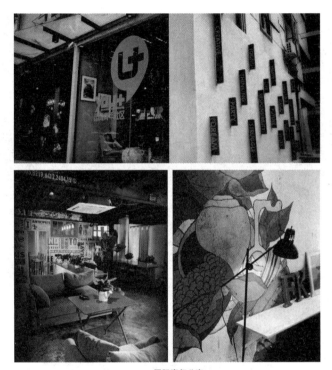

you+ 国际青年公寓

环形慢跑道，全生命周期的运动空间、全时段的运动流线，在这里可以尽情地融入自然，体验自然与运动的快乐。

/ 绍兴·金地自在城 /

幸福的媒介

MEDIUM OF HAPPINESS

经过一番讨论，我们得出了以"公园住区"作为宋都香悦郡景观设计的主题，这是一个普通的城市社区项目。我们发现人在解决了安身这个基本问题之后，对于闲暇时间也有着同样的热情。公园是人们经常性、习惯性到访的地方，并不是什么新鲜地儿，但是人们对此却给予了更多的关注，这大概是因为我们今天所处的世界，被技术进步及经济竞争的加剧搞得日益喧闹的一种反应。

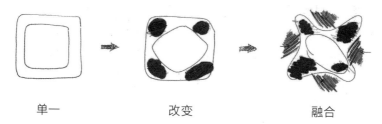

单一　　　　　　　　改变　　　　　　　　融合

然后我们得到了一些关键词：宁静、愉快、舒适、消除压力、一种融入自然的和谐、与自然亲密的接触、充满阳光与欢乐、精美的艺术、自由的没有安排的日程。在得出这些关键词时，我们并没有感觉到一种强烈的向往，大概是这种明信片式的描述少了一些感受上的真实，我们需要的是日常的、触手可及的放松，而不是展开一张太平洋地图，望着广袤水域上星罗棋布的岛屿，在头脑中幻想着海风拂面和可爱花朵中的平静早餐。于我而言，公园所给予的就像走了整整一天路终于到家脱下鞋子时的放松和幸福，而并非那种让我们伸直手臂、做一个夸张的深呼吸的度假地，它应该是我们灵魂中释放一些轻轻叹息的瞬间，人们确定可以拥有的安逸时刻。

这个项目有着很好的场地条件，建筑在四周围合，为景观预留出大片的空间。就像为我们准备好了一张可以随意施展的画布，可是问题又来了，怎样才能不辜负这个完整而天然的画布呢？尽管有太多的设计技巧或设计风格可以给我们参考甚至模仿，可以将它做得更漂亮，可是我们想看到的是生活在其中的人发自内心的笑，我们想用景观来进行情绪的表达和氛围的营造，用空间来讲一个人与人之间的故事。

公园很重要的功能之一是提供人与人交往的平台，人们可以在其中进行没有功利色彩的交流，回归到一种朴素的、纯粹的人际关系。这样就给了我们空间设计的灵感，勾勒出一个充满温情的故事。我们仿佛看到一个真实的生活场景，源自不同生活轨迹的人们因为某个共同的媒介而相遇、相识，随着时间的推移，彼此之间的交往越来越多而形成了一种深深印在岁月中的奇妙感情。只是在脑海中的一闪我们便明白了，**沟通人与人之间的景观要素有一种奇异的魅力，有时情感的力量会超越视觉的冲击力和逻辑的雄辩**。于是我们决定设计一个沟通全园的景观媒介，这个想法很简单却又给了我一种深深的情感冲动。

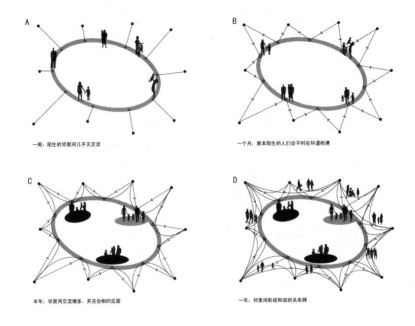

A   一周：陌生的邻里间几乎无交流

B   一个月：原本陌生的人们会不时在环道相遇

C   半年：邻里间交流增多，并且会相约见面

D   一年：邻里间形成和谐的关系网

源自不同生活轨迹的人们因为某个共同的媒介（环道）而相遇、相识，随着时间的推移，彼此之间的交往越来越多而形成了一种深深印在岁月中的奇妙感情。

1 DAY

2 WEEKS

4 WEEKS

5 YEARS

10 YEARS

3 DAYS

1 WEEK

3 MONTHS

2 YEARS

30 YEARS...

邻里交往演变

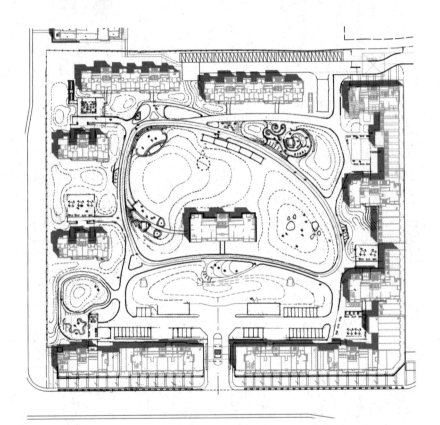

杭州宋都香悦郡平面

场地以大草坪为中心，环通全园的慢跑道连接了各景观节点，为社区提供了便捷的流线型交通组织。利用全生命周期的运动空间、全时段的运动流线，打造有别于传统造景风格，更趋向于公园式社区大空间的纯粹的景观体验。

本项目也有一个限制因素，那就是消防要求。根据设计规范，高层住宅周围需要设置宽度不小于 4 m 的环形的消防通道。因此我们决定将消防通道作为这个沟通全园的媒介，使其不仅成为交通和活动的功能圈，更是社区邻里关系的引导圈，进而形成整个社区的人际圈。我们开始围绕环道进行方案的设计，先后提出了两个方案。首先在方案一的设计中，我们设计一条围绕中心草坪的景观环道，环道周边配以相应的硬质及软质景观元素，形成了方案的雏形。

但经过仔细的分析发现，这种空间布局形式并没有体现我们的设计本质，我们希望通过环道能够连接起全园的各个景观要素与节点，同时要贯穿每一个人的活动范围，而形成人们的交往圈，显然这个方案中环道范围小，并没有与功能相结合，还停留在形式上。于是我们对方案进行了改进，扩大了环道的范围，并将住区主要的景观结构譬如老年活动区、儿童活动区、读书广场等设置在环道周围，实现了环道对全园景观功能的连接，同时使中央草坪更加开阔。

这样基本上实现了我们最初对于景观空间的设想。但是在进一步的分析中，我们还是找到了一些不足之处，譬如由于环道范围的扩张部分，环道与入户道路相互重叠，这样必然会造成相互干扰，还有一些景观结构与环道衔接得有些生硬不够自然，这些问题都有待进一步改善。

带着这些问题，我们再一次将前两个方案进行修改，在空间结构上采用自由而充满韵律的曲线作为主要基调，主次分明，景观的表达也层层递进，由入口特色景观节点为起点，以舒缓的林荫环道为线索，过渡到各个主体景观空间，给视觉上带来惊喜，最后在开阔的阳光草坪景观序列达到了高潮。景观空间开合有度，收放自如，犹如音乐一般自然流畅而又充满惊喜。景观结构很好地契合了设计的主题，设置了多处运动、交流互动的景观主题，譬如儿童游乐区、老人活动区、中心活动区、读书广场等，动态景观中穿插并点缀静态景观，使整个社区景观结构动静有序而又丰富多彩。

　　在这个方案的设计中，我们可以尽情地想象人们周边的环境通过环道这样一个媒介而充满幸福气息，当它们令人微笑时，我们开始怀疑是否接触到了一种以前从没注意到的设计方式带给人的快乐故事。

　　环形慢跑道作为景观主轴，400 m 的慢跑道分为墨绿色和黄色透水混凝土两个跑道，可以兼顾 2~3 人并行跑步。在跑道上还包括了一些独特的物体：设计特别的道路刻度、健身设施和奇妙的小装置等，赋予了与跑道相互协调的颜色和材质，显然这些在视觉和情感上更加展现了公园的秉性。

香悦郡儿童活动场地
色彩缤纷的塑胶铺地和微地形组合成适合不同年龄段小朋友的游戏设施。

香悦郡阳光草坪
通过绿植围合出封闭的聚集空间，在其中
填充阳光草坪，形成了聚集场所。在这里
可以举行小型活动、婚礼，也可以供各个
年龄段的人休憩运动使之成为一个剧院，
人们在其中欢笑、打闹、奔跑。

以中央大草坪为中心，各组团、活动区、主题林环绕设置，绿化空间开敞、收缩有度，在慢跑的过程中可以观赏四季不同的美景。结合活动区乔木种植以主题林的方式营造四季美景，灌木数量尽量减少，不做无谓的应用，下层地被的运用原则上以单一品种或相近品种为主，增加观赏草类、蕨类等地被应用，通过以上三点打造有别于传统造景风格，更趋向于公园式社区大空间的纯粹的景观体验。

　　在日常的生活中发现快乐生活的种子，通过更简单的景观方式代替各种设计理论的复杂，创造出一种和谐、引人会心一笑的景象。在这个自然的公园里，人们在其中欢笑、打闹、奔跑，草坪好像是时间的记事本，记录着生活中的一切，阳光与绿色给人一份健康与安逸，阳光草坪是无边际的运动场，在这里，打太极、打羽毛球、放风筝……不分年龄，不分早晚，不分四季，有着不一样的健康乐趣。

小滑梯和沙坑，质朴的景观元素勾起了童年生活的美好回忆。

/ 杭州·香悦郡 /

重拾记忆中的温情与美好

TO REGAIN THE WARMTH AND BEAUTY OF THE MEMORY

　　记忆中国传统情感温暖而美好，浓浓的亲情、和睦的邻里，温馨而舒适的居所里渗透着满满的生活幸福感。而如今城市中这种感情渐行渐远，原有的温情被冷漠所取代。在格林东郡这个项目里，我们要重拾这种美好的记忆，用风景构筑一幅温暖的画面，生活在其中，让人感受到回归自然的轻松与快乐、温婉的人文关怀，延续中国式的亲情与邻里，为城市生活增添一抹温暖的色调。

　　设计中我们秉承自然、参与、互动、人文的理念，通过景观设计来表达一种和睦、舒适、健康的生活方式，塑造温馨而舒适的家的概念。也是**通过一条共同的媒介——慢跑道连通社区中心各个组团节点，连通的慢跑道可供全年龄段的人在此慢跑，同时连接了各个景观节点，为社区提供了便捷的流线型交通组织。全生命周期的运动空间、全时段的运动流线，在这里**

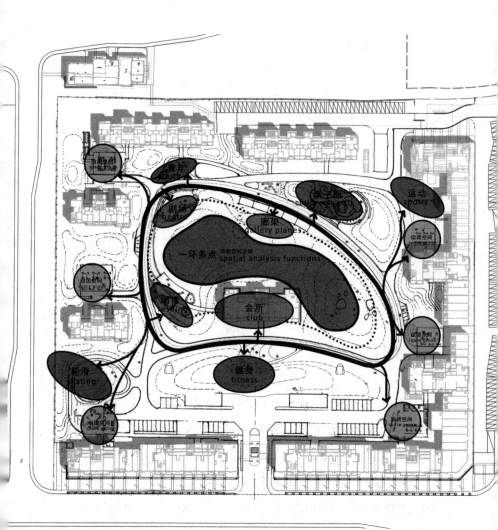

交往的功能空间分析

一环多点的空间构成形式，一条环线串联全园景观节点，同时成为人际交往的纽带，有形的空间与无形的交往行为相互叠加，形成社区交往圈。

可以尽情地融入自然，体验自然与运动的快乐。硬质活动空间包括太极广场、休憩广场、儿童乐园、戏水池、老年活动场地等，这些景观节点沿环岛而建，具有良好的景观视线，尺度亲切宜人，材质简洁质朴，具有丰富的人文装饰细节。组团草坪空间光照有限，不适宜设置大面积绿化和休憩空间，因此在景观的营造上采用疏林草地配以小面积交流空间，合理地利用了场地空间的特点。

多维互动

MULTIDIMENSIONAL INTERACTION

在人群中会获得交往的快乐，我们彼此交谈、嬉戏，感受着一种人与人之间交流的愉悦。然而**人的交往本能并非只对人，对自然与环境同样存在着互动的渴望**。龙应台在写给儿子的《亲爱的安德烈》中说："你小的时候，我常常带你去剧院看戏，去公园喂鸭子，在野地里玩泥巴，在花园里养薄荷……"约翰·缪尔曾在日记里写道："从一个花园到另一个花园，我心醉神迷地在山中飘荡，时而跪下来凝视一朵雏菊，时而沿着点缀着紫色和淡青色小花的常青藤爬向顶端……完全沉浸在快乐中，使你无法进行一点思考"。芝加哥的世纪公园里有一个很有趣的装置：云门，它是由许多块不锈钢板抛光焊接而成的，看上去就像一个巨大的凸面镜，映射出周围的人和物。你是否有这样的经历：趁着四周没人，站在路口的凸面镜前，沉浸在自己与环境变换形态的奇妙乐趣里。这个独特的设计吸引了四面八方的人流汇聚在这里，镜面反射的影像使得每一个人都主动或被动地参与了这场公共活动，这里成了一个互动情感体验的重要场所。

芝加哥世纪公园云门装置

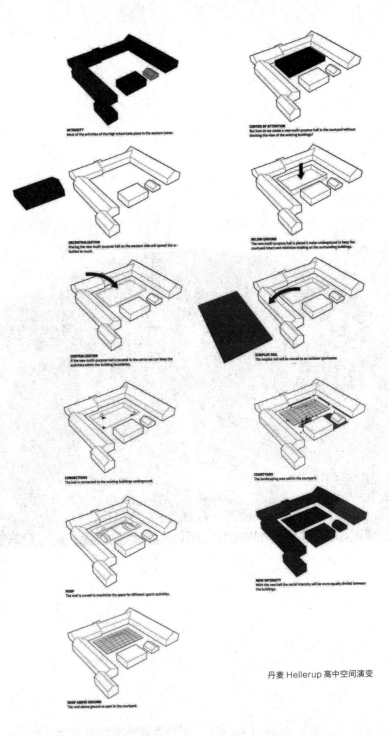

INTENSITY
Most of the activities of the high school take place in the eastern corner.

CENTER OF ATTENTION
But how do we create a new multi-purpose hall to the courtyard without blocking the view of the existing buildings?

DECENTRALISATION
Placing the new multi-purpose hall on the western side will spread the activities to much.

BELOW GROUND
The new multi-purpose hall is placed 5 meter underground to keep the courtyard intact and minimize shading on the surrounding buildings.

CENTRALISATION
If the new multi-purpose hall is located in the centre we can keep the activities within the building boundaries.

SURPLUS SOIL
The surplus soil will be moved to an outdoor sportsarea.

CONNECTIONS
The hall is connected to the existing buildings underground.

COURTYARD
The landscaping area within the courtyard.

ROOF
The roof is curved to maximize the space for different sports activities.

NEW INTENSITY
With the new hall the social intensity will be more equally divided between the buildings.

ROOF ABOVE GROUND
The roof above ground as seen in the courtyard.

丹麦 Hellerup 高中空间演变

　　丹麦Hellerup高中是一所有着宜人尺度和美丽黄色砖墙建筑的学校。但美中不足的是它的户外互动场地不足,同时也缺乏室内大型社交聚会空间。因此BIG建筑事务所对其进行了改建。由于学校的场地有限,为了不让新增的建筑吞噬原本就不足的室外空间,设计师将建筑放在了地下,露出地面的部分做成了曲面式起伏的木甲板。这样无论是地下还是地上部分都很好地发挥了其功能,又不会相互干扰,位于地下5 m的多功能聚会空间,通过科技手段进行室内气候控制,降低对地上环境的影响。室外弧形的木甲板成为一个非正式的聚会场所,甲板的边缘做成隔栅,以确保阳光可以渗透建筑。同时甲板上还放置了座椅,可以适应各类活动。除此之外还在足球场上做了一个绿色的斜坡,斜坡下面是另一个建筑的入口。通过这样巧妙的设计,在有限的空间里创造了另外一种人与人互动的媒介,使得室内与室外、正式与非正式的互动空间相互结合,为学生提供了更加亲和的环境。

垂直环道

VERTICAL RING ROAD

中大银泰圣马广场是我们为杭州城北中央商务区核心区所做的一个商业综合体景观，在地块的北面与东面主要是商业区域，南面是城市高架桥，在商业建筑与高架道路之间形成了一个线形的狭长地带。

我们将纵向的商业购物行为与平面的景观艺术紧密融合在一起，构建出一个多维尺度上的环道，创造了一个开放式的城市购物公园。**为了营造一种流动性的景观感受，我们通过空间与空间之间的交错，带给人更加充满交往趣味的商业体验，形成一种流动与层叠的风景**。这里既是商业街又是艺术公园，到处弥漫着自然的绿色、沁人的芬芳与人工雕琢的精致，我们相信几年以后，这里将成为杭州又一处城市公共客厅和人文景观。

城市综合体与城市规模相匹配，与现代化城市干道相联系，因而具有很大尺度的室外空间。但是大尺度对于步行空间是非常不人性化的，会让人觉得孤立而缺乏互动。因此，我们创造了绿岛式的空间模式，形成网状的景观脉络，同时采用随机的连接方式，这样就会产生变化的空间体验，增强了趣味性，人在小尺度的空间里，便于人与人及人与环境的交流。在屋顶花园中也同样存在尺度过大的问题，在设计时同样进行了分割，以强化流动空间的体验性。

场地中有一个三角形的下沉广场，地面只有一个面与下沉广场发生联系，上下空间缺乏良好的互动。因此我们在南侧的小建筑之间设置眺望平台，在大台阶上设置可供休息和眺望下部的平台，使得广场上下形成良好的互动。将通往屋顶花园的大台阶设计成一个斜坡公园，从商业街地平面上升至 5 层大影院，中间层层推进、绿树茵茵，仿佛是游离于城市之上的自然绿洲，与周围线形建筑的冷酷风格形成强烈对比，成为嘈杂背景下的一处生动、温馨的街景。建筑上暖黄色到橘黄色逐渐过渡的条纹造型，如同沉淀层一般，而 3 层的屋顶花园是我们精心设计和营造出的空间，通过水面、连廊、平台等表现形式，更让你常常有"柳暗花明又一村"的惊喜，为整个购物旅程增添了一抹神秘和新奇的色彩。落差 8 m 的多层叠式水景和层叠式绿化，延续了建筑立面的肌理，配合建筑底部的众多的架空空间与屋顶花园，构成了多层次的风景，创造了丰富的景观视角。

无论是人和人，还是人和环境，由一条有形或无形的环道作为传递幸福的介质，将彼此连接，满足人交往的需求，让人感觉到自己是被关注的，而并非孤立无援。在环境设计里我们通过各种"载体"促进人的活动顺利进行，在情感上拉近人与人、人与环境的关系，满足人的精神需求。

杭州中大银泰城垂直设计概念草图（颜彪绘）
立体的环道串联起购物和观景两条流线，形成复合型的购物公园。

杭州中大银泰城景观大台阶
立体的交通组织形式,有效地组织了人流与购物路线,将植物设计应用
于各个角落,绿色贯穿始终,这里不仅是商业场所,更是绿色的城市公园。

格林公园入口
穿过彩虹拱门, 孩子们带着公主与王子的梦想开始了童话之旅。

格林公园

GREEN PARK

提到市政绿化带，脑袋里浮现出的是茂密的常绿大灌木，经年的灰尘让原本就不鲜亮的革质叶片更加灰暗。或被修剪得整齐而单调，沉闷得没有一丝生气。或长期无人照料，枝条肆意生长，杂乱中透着荒凉。对于这样的地方人们多是敬而远之，特别到了晚上，不必说那恐怖的树影，还让人觉得这里倒是刑事案件的极佳土壤。

金地格林小城是我们在郑州的一个住宅项目，关于这个项目本身没有过多要说的，但值得一提的是住宅区域的外围城市绿化带刚好也在我们的设计范围之内。就如上面描述的那样，绿化带现状所呈现的就是一片荒凉破败。作为贯穿城市的生态廊道这样的绿化带可以说为环境做出了很大的贡献，可是在这里我们想**赋予市政绿化带更多的功能性，让它和人产生关系，成为一个参与度高的社区公园。**

社区公园是什么，我们也曾在多个项目中就这个问题进行过探讨。它是一种触手可及的放松与安逸，是能够身处其中的自由互动，自然就在身边，我可以自由地走进去，没有紧张与局促，这就是社区公园，可与自然植物进行日常的亲密互动，就如你我家里的后花园。显然现在的绿化带不具备这样的属性，它是严肃的、荒芜的，走进它会让人紧张和不安。让两个截然相反的景观形态发生转换，就是我们要做的。希望将来有一天，在天空俯瞰这个城市的时候，深绿色的生态廊道网格中，这个部分能够呈现更多不一样的色彩，这是我们带给这个城市和这里的人们的一点惊喜。

我们对原有的市政绿化进行了梳理，首先是对场地植物层次进行调整，增加阳光草坪和林下空间，使空间疏密有致，提高绿化空间的参与度，使之更加具有生活气息。增加不同人群的活动区，营造出全年龄段的市政活动场地，重塑健康跑道，打造休闲在林间、自行车在中间的生态长廊。设计上对场地的竖向坡度进行了调整，建立起无障碍通行系统，同时配合植物创造了更加丰富的竖向景观空间。

从"生态廊道+高参与度游憩公园"这一理念出发，我们将公园分为三个部分。公园西段在延续原有生态廊道的理念上，设置港湾式公交站，增加青年运动区、曲艺、阅读和草坪空间，将健康跑道贯穿其中，增加生活氛围，实现休闲在林间、自行车在中间的活动方式。中段是格林广场——全年龄段活动广场，它位于园区与市政道路的形象展示区，未来这里将成为富有生活气息的大舞台，室外电影放映、广场舞、社区文化宣传等等，丰富市民的精神文化生活。格林公园东段作为郑上路与桃贾路的交叉口，设立有

格林公园运动场地
简洁的流线规划出时尚的色块，动与静的交融中展现青春的活力。

设计花卉
灌木种植带

郑上路与桃
贾路转角

设计昭示性
形象展示面

市政绿化带原有种植苗木

原有市政人行道

重塑植物天际线

增加色叶树种

3M 宽度的跑道
贯穿整个公园

丰富植木层次
增加观赏性

营造轻松
的商业与休闲活动场地

增加林下体验空间

格林公园改造前
市政绿化的一部分，以密闭性为主，植物种类单一，层次混乱，缺乏活动区域，人无法参与其中，跑道
被茂密植物所遮挡，存在安全隐患。同时缺乏标志性景观，不利于形成良好的城市界面。

标志性的景观，提升郑上新区形象界面。延续西段健康跑道，增加儿童活动区、阳光草坪和林下休憩空间，将生态长廊的理念继续升华并赋予它更多的亲民功能。

我们还针对不同年龄段的特点对场地功能进行了划分，老年人和儿童活动其实有很多相似之处，他们运动的幅度不大，需要更加安全的保障，需要相对静态的景观空间，而且在现实中也常常由老年人照看儿童，因此我们将老年人和儿童活动场地一起规划在场地的东段，这样既满足了这类人群的活动需求，也实现了监护的功能。这里主要针对学龄前儿童，因而创造更加具有童趣的景观设施。整个场地由绿化带与周围道路隔开，保证了相对安静的环境。在北面林下一带，设计了多种适合幼儿玩耍的活动空间，譬如摇摇马、跷跷板等小型游戏器械，为儿童的游憩提供多种选择性，沙坑是小孩子非常喜欢的活动空间，同时结合攀爬墙、洞洞墙等，在保证安全的前提下，提供多种游憩趣味功能。在场地中心区域是格林童话主题的大型游乐器械，也是整个儿童活动区的核心，能够同时满足 20 个小朋友同时游戏，在它的周围设置了监护休息区。在场地南面的林下空间主要是老年人活动空间。此块地形有高差变化，作为老年人的活动区，让他们在健身的同时也可以方便看护儿童，在此处设置健身器材与林下休憩带，为老年人健身休憩所用。活动场地外围的市政绿化带增加了区域内的安全性和舒适性，而穿插其中的健康跑道增强了各个功能空间的连续性。

公园的西段是更加适合年轻人的运动空间，主要包括篮球场、极限运动场地等，周围区域通过景观台地设计，可作为篮球比赛、极限运动、轮滑环道等活动的看台，亦可作为休息坐凳使用。在活动区周围设置轮滑环道，为当代年轻人提供轮滑竞赛、立定跳等多种娱乐活动的可能性。在活动区周围设置大小不同的绿岛，为青年人活动营造良好的环境氛围，并且围合出独立的空间。在公园的西段还设计了使参与性更高的阳光草坪，它是全年龄段都能参与的景观要素，在这里可以实现更多的交流与互动，社区公园的理念得到了更好的体现。

　　在这个项目里，我们把自己想象成一个孩子，蹲在地上挖沙子；想象成一个青年，在运动场上奔跑；想象成一个老人看着自己的小孙子玩耍，同时自己和老伙伴在树荫下聊天……我们将设计还原到生活中，站在一个使用者的角度去看问题，而并非仅用冰冷的生态学知识或者美学构图。用一种更加鲜活的方式走进人们的生活，塑造一种人与人交往的方式，这时候画笔也有了温度，大概这就是幸福的设计。

多彩的运动场地和儿童游戏场地，为不同年龄的人群提供了互动的空间。

/ 郑州·金地格林公园 /

巨蟹座 CANCER
6.22-7.22

狮子座 LEO
7.23-8.22

折线形的木质构架在形式和色彩上与场地形
成统一，也成了孩子的乐园，孩子们在上面玩
耍充满了童趣。

/ 杭州·龙湖金沙天街 /

天街

COMMERCIAL MALL

　　无论是人和人，还是人和环境，由一条有形或无形的环道作为传递幸福的介质，将彼此连接，满足人交往的需求，让人感觉到自己是被关注的，而并非孤立无援。**在环境设计里我们通过各种"载体"促进人的活动顺利进行，在情感上拉近人与人、人与环境的关系，满足人的精神需求。**

　　在龙湖天街的设计中，我们将购物、休闲行为与景观艺术巧妙结合，塑造出一个多尺度的体验空间，以屋顶花园及下沉广场等形式形成多维的城市开放公园，重新构建城市格局。商业街层面以平行的水平线条作为基底，营造一种简洁的现代感。同时采用随机的连接方式穿插椭圆状景观节点，在小尺度的空间内，创造戏剧性的空间体验，增强了景观的趣味性。屋顶花园通过镂空锈色钢板、风雨连廊等要素强化空间的特征，形成具有鲜明特色的记忆点，同时赋予空间更多功能属性，譬如亲子乐园、休闲广场等，以更好地实现商业空间的城市价值，打造杭州最浪漫的休闲空间。

商业街地面铺装以白麻花岗岩、芝麻黑花岗岩、中国黑花岗岩的穿插应用形成丰富的色彩层次。入口旱喷广场地面铺装图案与天街标志相呼应，采用椭圆状造型，其中有雕刻魔鬼鱼图案的排水孔，边缘以不锈钢板围合成线性的回水沟，中心均匀分布自带各色 LED 射灯的喷头，水柱可高达 1 m。夜幕下灯光、水景氤氲出绮丽的色彩。

下沉广场入口两侧点缀无数彩色灯泡，高高低低。白天在阳光下，错落的影子洒在灰色相间的台阶上，华美而精致。夜幕降临，沿阶而下，仿佛置身于一个彩色的梦境里。灯光投射在玻璃上，反射出对面的景致，场景在虚实之间相互转化。

屋顶花园以静态景观为主，满足休憩功能，周围设计红锈色镂空十二星座景墙，塑造了独特的文化韵味，一条景观栏架贯穿屋顶花园始终，连接了两侧的休息区，实现了景观的连续性。屋顶花园设计了休闲座椅，满足了休憩功能，不同区域利用地形进行分隔，形成合理的功能分区和景观流线。

温馨的农夫果园让人爱上迷人的亲子时光，与家人一起吃刚采摘下来的黑莓果。天空被云层遮蔽，但是天气很暖和，躺在草地上，甜美的花香气味、绵绵的香草气息，是如此令人陶醉。

红锈色镂空十二星座景墙采用耐候钢材质，色彩饱和度高，具有极强的视觉表现力，以此进行空间分隔，使场地变得简练而明快。

/ 杭州·龙湖金沙天街 /

粗糙质感的表面充满了时光的痕迹，刻在墙面上的文字彰显了一种古老的文明，十二星座图案骨架镶嵌白色 LED 点光源，在夜幕下更加醒目。

/ 杭州·龙湖金沙天街 /

FREEDOM 自由

Happiness design by antao

如果说设计可以是幸福的，这种幸福在很大程度上来自于人类内心对于自由的渴望。

自由的进阶

PROGRESS OF FREEDOM

能不能不要朝九晚五地打卡上班？能不能少一些加班？能不能多一些新鲜空气？能不能不要天天堵车？能不能给自己多一些空间……？每个年龄段的人，似乎都有着心底里对自由的某种渴求，但也有着在任何形势下都不得不遵守的规则。自由与规则，似乎是相伴而生的孪生兄弟。

因为限制，自由才显得弥足珍贵，它占据着人类幸福观的重要角落。从哲学意义上说，人类的一切努力，似乎都离不开对自由的争取。这一点，设计师们非常容易理解，这个职业对于自由的渴望和困惑，显得比任何其他行业都更加强烈。任何改善空间环境的设计行为，都可能释放某种自由的感觉。古代的文人大夫半生为功名而忙碌，退隐之后通过园林释放着内心的自由；在当代，购物本身是一种目的性消费，而一些成功的商业综合体却释放出休闲自由的气质。

那么，我们应该如何理解自由的本质呢？

不论在西方文化还是东方文化中，自由的第一层含义都在于人与世界的关系。自由作为一种哲学观，它的产生和发展，其实有一段有趣的旅程。

早在古希腊时期，一位叫作苏格拉底的哲学家对人们说：人要获得自由就必须认识外在的自然力量，并利用这种力量来为自己服务。这个道理听上去和今天设计师在汇报和演讲时常说的"珍惜自然资源，创造人工环境，实现可持续价值"好像是一回事儿。这样，自由变成一种精神动力，鼓舞着人类探索世界物质的规律。

谁知这样一个简单的道理却引发了一场矛盾之争。苏格拉底的学生柏拉图坚持强调精神自由优于物质自由：既然自由是一种理念，那么尘世被看作是人获得自由的最大障碍。同一时期的另一位哲学大师德谟克利特则把探索物质规律放在第一位，精神跟随物质，被称为原子论自由观。在那个没有硬盘的时代，柏拉图和德谟克利特，双方都恨不得把对方的著作烧光。

但是这两种理论的冲突，反而成为人们思考自由的新基点。18 世纪的新一代哲学家康德认为，人的自由根源于人的"理性存在"——既然人是讲道理的，那么精神和物质，完全可以相辅相成。马克思立即发展出新的观点："人们在行动中依据对世界的把握，克服世界给人设置的障碍和束缚，这就是主观能动的自由实现。"生长在社会主义红旗下的新中国学子们，将它奉为至上的真理。

　　自由的另一层含义，来自人与社会的关系。

　　17 世纪英国空想社会主义者温斯坦莱大声疾呼：自由是人民的最大幸福。后来，更为乌托邦的圣西门指出，未来理想社会的基本特征就是所有的人都享受最大程度的真正的自由。虽然今天我们也说不清楚，到底出于何种考虑才出此言论，但是"每个人都能够尽量广泛地发展在世俗方面和精神方面有利于自己、他人和社会的才能"，倒是不错的社会理想。当然，空想社会主义学者们最终也没有看到这样的自由。

　　21 世纪互联网时代的到来，人与社会的关系进入了新的"信息自由"的时代。我们拭目以待。

圆台形状的水景为现代楼宇间注入幽远的东方韵味。

／上海·中凯城市之光名邸／

东方自由观

ORIENTAL FREEDOM

  尽管中国直到近代才开始说"自由"这个词，但这并不意味着我们的传统文化中没有关于"自由"的言论。西方人说自由，说着说着就变成公众政治理想，好像你不让我自由就要大革命；**而中国人说自由，往往包含更多的是个人心灵的修行。**

  在中国传统最重要的两个学派——儒家和道家，都有清晰的自由观。儒家是一种讲规矩的伦理哲学，为了维持宗法社会的秩序，推崇建立一套行为规范，即"礼"。礼作为外在的强制，在一定程度上限制了个体的自由，作为平衡和回应，儒家提倡一种"从心所欲不逾矩"的道德自由状态，在履行道德义务的前提下，让个体生命能量自由地发挥。

道家的观点则大为不同，其从自然与社会的对立中来理解人的自由，更接近西方的辩证哲学。按道家之说，人既然是宇宙万物中的一分子，那么我们与花草树木，鸟兽鱼虫，本无区别。到一定程度上，唯有放弃社会生活，回归自然，与天相合，与物玄同，才能畅游生命的快乐与自由。

　　总的来说，儒家阐释着人与社会的关系；道家则更注重人与自然世界的关系。

　　当然，两者观点的本源都是积极善意的。儒家伦理以社会为本位，注重现世的积极进取，强调个人责任与自由的持衡。道家虽说与物同乐，但也提倡社会和谐幸福的生活态度。回到设计上说，这两种态度，深刻地影响了中国园林的设计和演变：曲径通幽，别有洞天，皆与造园者心底对自由的积极向往相关。至于"采菊东篱下，悠然见南山"，早在晋代诗人陶渊明《饮酒》一诗中，就道尽中国文人渴望远离尘嚣的终极心态。

　　不幸的是，这两种自由观都被当作封建残余，在"文革"之中几乎被破坏殆尽。时至今日，即使我们意识到传统文化的缺失，想重新提倡和研究先人的思想，也需要更多时日去慢慢恢复。

中国传统文人远离喧嚣的生活态度对后来的造园艺术产生了深远的影响。

滨水休憩平台以疏林草地为背景，另一侧面向湖面，半封闭的空间形态为人提供了一个既私密视野又开阔的休憩空间，背景林采用秋色树种，随着季节的更替产生渐变的色彩。

/ 沈阳·金地长青湾 /

景观的弹性

THE ELASTICITY OF THE LANDSCAPE

对设计来说，自由意味着卸除格式和包袱，它可以有弹性，可以有变化，甚至随心所欲。

大多参观过东方古典园林的游客，都会有这种体会：为什么如此丰富的变化，竟然能在这么狭小的空间里实现？其实在中国古代园林对于自由的释义之中，水的布局起到了至关重要的作用。一亭一榭、几曲回廊，园林的规划依水而展开，因势成形，展现出极高的灵活性。中国著名园林学家陈从周先生在《园综》一书中写道："水曲为岸，水隔成堤，移花得蝶，买石绕云，因势利导，自成佳趣。"细细品味，我们可以看到这些变化与其主人心照不宣的"自由"与"幸福"的关系。诞生于日本14世纪并延续至今的枯山水庭院，虽没有真实的水景，却也以白砂为流动的意象，同心波纹隐喻雨水溅落和鱼儿出水，暗示着一种自律的自由：静谧的极简，与内心的深邃，形成震撼的对应。

但是在当代的城市规划和景观设计中，缺乏自由、缺乏弹性，大量的格式化复制，正在成为一种难以治愈的现象。当我们一板一眼地把西方古典的景观格式移植到当代社区，除了开盘时刻的震撼之外，换来的也许是天长地久的拘束和限制。

既然自由与幸福密切相关，那么，在设计上该如何应对？这显然是一门新的学问。

相对于东方园林的含蓄写意，西方现代景观科学在 20 世纪大工业时代背景下，提倡以功能主义为基础。"形式追随功能""居住是生活的机器"这样的理论说法，显然有些缺乏人情味儿。到了后来，西方人自己都看不下去了，于是拿"环境心理学"来加以弥补。其实我们都看得出来，西方刻意弥补的，恰恰是东方早就心照不宣的内容：灵动、变化、注重内心。

如果景观设计能够帮助人与场地之间建立更深层次的关系，那么，它显然需要一种更有弹性的思维，去照顾人们多方面的心理需求，包括潜意识里的"自由"。

心理学家萨默（R.Sommer）的研究说明："每个人的身体周围都存在着一个叫作'自由空间'的范围，它随身体的移动而移动，这个范围内遇到干扰会引起人的焦虑和不安。"这个自由空间，解释了现代工业物质过剩之后遗留的精神危机。环境心理学也提出：建成环境除了美学和功能价值，更要为使用者提供心灵的呵护。特别是近年来，生态和心理学理论的介入，使得景观设计这门学科的意义产生了更加微妙的转变。美国宾夕法尼亚大学景观系系主任 Ann Whiston Spirn 指出："景观"的本意是人与场所之间的情感联系，而不仅仅是解决功能的工具和技法。

在我们的景观实践中，我常常在思考，如果多走一步，站在明天的角度回看今日的设计，会有怎样的发现？今天存在的，是不是明天要反思的？景观为生活而服务，当衣食住行的基本需求满足之后，当面子工程不再是人们的心理追求之后，我们如何做出一些改变？

如果畅想明日中国的城市景观和规划设计，我想应该尽力去创造一些情感边界，来柔化高密度的建筑和街区，做出更多的休闲空间和慢行系统，实现都市中的慢生活格调，同时借助中国古代造园的手法，把自然景色引入人工环境，营造一种叠合、攀登、生长的诗意，让人们可以在最繁忙的环境中感受一些自由。

不论如何，让景观少一些做作，多一些生活；让设计少一些格式，多一些弹性，总是可取的。

火山岩砌成的围墙弥漫着浓浓的自然气息。/
千岛湖·浅山 /

云游浅山

A WONDERLAND WITH HILL VIEW

我们的生活总是匆匆地来，匆匆地去，奔波不停。

如果有一天，你在美丽的千岛湖畔拥有一间小屋，是否可以让内心获得某种程度的平静？

四年前，当我们接手浅山项目时，面临的命题是：**如何让一片明净的湖面真正呼唤出我们内心的自由。**

当时我们花了很多时间研究产品，从规划、动线到户型。我们假设：移动互联网的发展和信息交互模式的演变，使得一大批智富人群的生活可以更加自由地在都市和景区之间切换。我们在度假社区的逗留，可以不再是双休周末或逢年过节的匆匆过客。它们可以成为第二甚至第一居所。

从交通条件上说，从杭州到千岛湖，1.5 小时的车程，可以满足大多数人群"一日生活圈"的频度。只要心情好，完全可以在不太忙的工作日，驱车来到千岛湖小住一两日，让自己浸润在湖光山色中，得到自由。

尊重原生景观和地形，注意保护每一棵树，利用可以
自由回荡的视野，尽可能多地保留自然栖息地。

/ 千岛湖·浅山 /

项目场地距离杭千高速千岛湖出口仅2千米，便利之余，生态环境优越，森林覆盖率达95%，放眼可见怡人湖景，千岛竞秀，群山叠翠，碧波万顷。资源虽好，难度也大：安道团队要为这方水土带来自由新意，同时又必须最大可能地保留自然原貌。

中国很多度假社区动辄殿堂般的豪华设计古典的轴线和端正的规划，让我们不禁反思：在这样的环境中，身心真的自由吗？而如果一处度假社区的设计，让入住者感到少一分拘谨，多一点自由，那么它的使用效果，或者说对身心健康的调和，会更加显著。

于是，这片住区被定义为"浅山"，淡雅的格调中，暗含着对自由的期许。这里，设计成为营造氛围的重要专业线索，我们的景观设计师提出"湖岛休闲"的概念，让视觉在陆地与湖水之间相互切换，恰如生活中流淌着自然的元素，在尊重和利用自然资源的原则下，营造多层次的现代景观空间，构成"浅山远景"的度假意境。

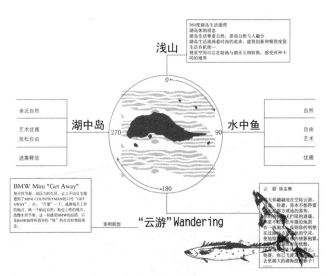

六合浅山概念设计

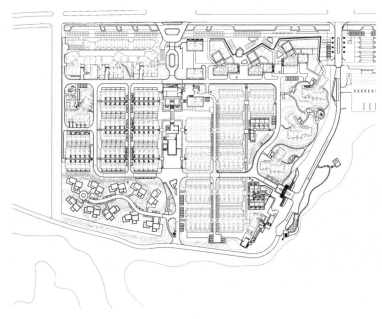

六合浅山平面

木平台与湖面，远山与天空，由远及近再由近及远，形成了层层递进的开阔空间，形成湖的延续，与千岛湖形成良好的呼应。

/ 千岛湖·浅山 /

社区尽端与景区湖面连绵相接的区域，成为景观设计营造的重点。原石砌成的围墙和台地，暗示出自然对这方水土的恩赐；无边界的泳池与湖天连接，可以容下那份自由的胸怀；通透的玻璃配以精巧的铁艺标牌，映射出湖光山色，也带来了现代时尚的气息。

　　浅山的设计是成功的。社区建成三年以来，每一位住户都对湖山一色的自由感觉赞不绝口。小住几日，云游的感受拉近了心灵与环境的距离，当回归都市的那一刻，我们不再厌倦，而是充满期待，期待另一段旅程，期待再次回到浅山，在这处起伏有致的设计中，收获一份意想不到的幸福。

"阳光＋茅草"的朴素外形，摆脱了艺术家和权贵对设计的特殊"爱好"，使得景观真正成为自然中独特的艺术。

/ 千岛湖·浅山 /

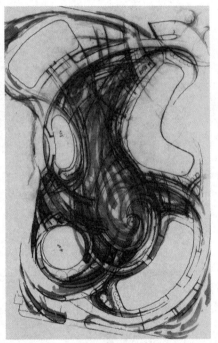

花溪渔隐

都市渔隐

WIND & FISH GARDEN

对于都市核心区的豪华社区，景观设计师经常面临的困难是：不自由。如果过于强调空间的序列，追求古典尊贵的严谨轴线，会受到楼宇林立的场地限制，而除此之外，是否有另一种方式去应对局促而高密度的地形条件？

徐家汇是海派文化的发源地，上海中凯城市之光是徐家汇几乎最后一块纯住宅开发场地，难度之大可想而知。当安道接到项目委托时，对于这类景观并没有特别清晰的答案，但是我们理解到：高容积率与豪华，本身就是一对矛盾体，而越身处都市丛林的高端客户，越需要一种透气的自由，以追求更加健康的生活方式，而不是灯红酒绿的繁华表象。

于是，本案的核心命题在于如何通过利用有限的场地条件，传达中国最大都市中关于财富阶层的内心居住期望。尽管关于这个阶层特点的讨论一直存有争论，但几乎可以肯定的是：**新一代中国财富人士对居住环境的渴求，绝非浮华的表象，而是一种宁静致远的幽隐归宿。**

景观概念可以追溯到建筑方案成型之初。建筑师与景观设计师敏锐地捕捉到一种可能性：出于周边场地与城市肌理关系的复杂性——这个项目位于 20 世纪 30 年代上海的繁华区域，数十年来新旧建筑呈现出交错复杂的城市关系——建筑师决定用圆润流畅的曲面低调地应对多层次的街道界面，回避任何尖锐的直线或方盒形态可能引起的种种文脉冲突。在这样的基调上，景观设计师打算顺势以几条流畅动感的曲线形成社区内部的景观肌理，它们与塔楼形成某种默契的"图底关系"，隐喻着流水与鱼的微妙关系——没有什么比水中的鱼更能贴切地说明自由的意境了。在确定这样一种基本框架之后，"水"的元素被引入进来，成为景观的母体，植被、道路、小桥、标识，依次展开，形状不规则的中央公园也应景而生。

　　水，是一种容易带给人快乐和自由的物质原型。开阔的中央水景形成鱼身形态的总体布局。通过动感的空间组织和竖向的高度变化，营造出富有趣味的户外环境，创造出雅致、舒适、赏心悦目的居住氛围。中央水景与周边景观的层次叠进，从池底图案、池边步道到叠水景观、步行小桥，都试图为都市生活注入轻松休闲的雅趣和自在。

　　在这一处难得的都市豪园，回避了不切实际的草坪轴线式的几何构图，也大胆摒弃了在有限空间里玩弄园林的文人意味。取而代之的是以一种更为流畅、更加动感的景观。最终，景观设计师把设计概念定格为"花溪鱼隐"，其中包含着对水景的精心营造，以及游鱼般灵动的自由旋律。景观布局的大开大合，细节设计的丝丝入扣，洋溢着盎然春意的景物风貌隐于高耸的楼宇之间，在不断变幻的水景空间中，捕捉光与影的跳跃，构筑上海核心地带倨傲不凡的可持续性现代水景生态社区。

从开阔的中心大湖面空间经过跌宕起伏的叠水空
间过渡到精致的入户点水空间，多样的水景或开阔，
或迂回，或疾行，或婉约，演奏出一首高潮迭起的水
岸变奏曲。

/ 上海·中凯城市之光名邸 /

流畅的曲线勾勒出草坪的轮廓，草坪空间使植物景观开合有度富于变化，曲线的形态承接了水景，全园风貌达到了统一。

/ 上海·中凯城市之光名邸 /

马岩松山水城市展览

山水城市

SHANSHUI CITY

  建筑家马岩松在他最新的《山水城市》一书中，提出了一种看似全新，实则扎根中国古典文化的设计观。"这个山水并不是具象的概念，而是一种自由的意境，是人们对自然的情感宣泄。"马岩松本人解释道，"仁者乐山、智者乐水，对山水的诉求，一直是中国传统文化的重要体现。"山水城市，模糊了建筑和景观的界限，为幸福设计开启了又一扇窗。

  其实山水城市并非MAD的原创思想，早在1990年，中国航天科学家钱学森就跨界地提出了山水城市的概念。那个时期中国大规模的城市化刚刚起步，但西方城市的问题已经初现端倪：工业化最终诱发了城市以前所未有的速度迅速膨胀，城市化和工业化你追我赶，现代大都市被推上了工业文明的神坛。工业化发展的速率远远超过了自然自我修复的周期，为了争夺有限的城市空间，人们被精心算计地罗列在一起，毫无自由可言。我们的城市越发地像个钢筋水泥的牢笼，变得比任何时代都要缺乏生机和诗情画意。作为一种抵抗和反击，钱老先生把中国未来的城市描绘为"有山有水、依山傍水、显山露水"的美好意境，引起了建筑学者吴良镛等人的一系列共鸣。

回看先人造就的城市，老北京城悄然体现着山水城市的理念。建设者在最初造城时，便形成了山体、水系、景观的排列，合理地组织了皇城与市井，使人与自然、人与人之间形成了和谐、共生的境界。在这样的环境中，人的身心是惬意的，自得其所，潜意识里也是自由的。如果回到明清盛世做一个幸福指数调查，我想北京的得分一定比世界任何一座城市都要高。

　　然而时至今日，如何在当代的语境下再现山水城市，仅仅提出一个相关的理论，都非常困难。在普遍趋同的中国大城市里，如何在个性和功能之间找到一个平衡的自由度，是一个迫切的命题。当代中国建筑师不乏致力于参数化设计、试图让建筑更接近"科学"的实践者，而极少数内心向往自由的一批建筑师，却在山水城市的信仰下，执着于寻找与众不同、又能够抓住人心的建筑形式，抵抗着均质化的生活面貌。

　　马岩松对山水城市的理论贡献在于提出了六个新的城市设计原则。正如当年柯布西耶的现代建筑五个法则，山水城市的六个原则也在起到旗帜般的作用，它们是：

　　1. 山非山，水非水：创造一种模糊的情感边界。

　　2. 留白和空儿："建造"不应该是压倒的，它与"不建造"是一种平衡。

　　3. 借景：来自中国古代造园的手法，把周围的景色融合进来，同时自己成为景观的一部分。

4. 空间绿化率: 立体化的植被空间, 产生一种叠合、攀登、生长的诗意。

5. 人体尺度: 局部的低密度和亲和界面。

6. 隐性交通: 开辟地下高速交通空间, 把地面让给慢行、慢生活。

　　这六个原则, 前三个取自中国古典园林和艺术作品的提炼, 后三个来自西方当代城市科学的观念。透过"山"和"水", 观者能够体会它们背后隐形的逻辑, 并触碰到当代中国涌动的城市和社会脉络。**在暗含着对自由生活的寄望中, 一种幸福的设计观在继续升华, 一种现代城市生活跟自然山水中的情感体验在尝试着结合起来,** 直到"山水城市"的思想从乌托邦变为现实。

后 记

幸福思远

THE ROAD PAVED WITH THINKING OF HAPPINESS

我们在什么时候最需要幸福？一定是在方向未卜、起伏变化的时刻。

五年以来，受曹宇英先生和赵涤峰先生的邀请，我很幸运地以研究顾问的身份，参与和见证了安道发展历程中一个又一个重要的时刻。

安道设计是中国第一批以商业实践方式涉足景观设计的私营机构之一，在短短十五年的发展中，安道与中国景观同步前行，积累了一批高质量的设计作品和与之相称的客户声誉。但是安道的理想显然不仅仅是做一家设计事务所，在步入十五年里程碑之后，安道正在为中国的景观设计行业做出它独特的探索和贡献，它的理想和信念也渐渐清晰。

如果要描绘安道的成长、转变、抱负，我们不妨追溯这样一条线索：2010 年，安道成立了景观研究中心，这是中国景观设计公司最早的理论研究部门之一。2011 年，研究中心以景观都市主义的理论为基点，推出"走向大景观"研究册（《时代建筑》2011 年 5 月出版），其意图在于呼唤景观与建筑、规划专业的多层次融合；随后，我们策划两年的安道第一本专业图书

《景观的智慧》于2013年底出版，不仅集结了安道十多年的作品精华，更力图强调景观与诸多专业共同为客户服务时所应采取的一种包容而智慧的态度；2014年10月，在GBE咨询公司（Global Business Engine）举办的高端住宅设计论坛中，曹宇英先生的演讲进一步强化了景观智慧的概念，指出设计所必须承担的情景化力量。此时，"幸福设计"的雏形已经初现端倪。2014年，安道成为浙江省创意协会的理事成员，推出aha系列城市家具概念，在杭州文博会上展出。2014—2015年，安道源点夏令营作为行业公益活动得到了不错的口碑。2015年1月，安道年会被命名为"幸福时光"，同年5月，安道上海分公司成立之际，举办了一场别开生面的"幸福设计与地产景观研讨会"这两个公共事件，基本确立了安道的幸福设计主题，也成为这本新书最终的策划起点。

回首这样一个历程，既有步步为营之策，又有自然而然之果。在有意和无意之间，"安道"与"幸福"画上了千丝万缕的联系。2015年，中国民用建筑与景观设计行业的市场环境出现了较大的下挫，然而，越在低谷时期，越需要那么一点点幸福的能量，去鼓励设计师在专业上的追求和信念，在工作和生活中体悟那份幸福与快乐。也恰恰是这个时候，这本《幸福景观》的出现绝非一纸宣言，它是一个真实的起点，伴随我们走向未来的岁月。

艾侠 Ai Xia

（注：艾侠先生是CCDI集团的研究总监，安道设计的研究顾问，作为业界知名的设计研究与评论专家，编写过多本出版物，是多家建筑学术期刊的特约撰稿人）

致谢

ACKNOWLEDGEMENTS

在编写这本新书之际，我们要真挚地感谢曾经和正在安道工作的所有设计师，是他们用智慧、激情和专业精神成就了安道今天的优秀作品。以下是本书提到的项目设计团队，在此对他们予以最诚挚的感谢。

沈阳金地铁西檀府：朱伟、王胄、吴沈鳃、陈建坤、王坤、宋科贤、江钊、
徐亮、黄陈拓、盛正义

宁波万科城滨湖体验中心：徐扬、杨斐枫、颜彪、肖权、费利芳、代景阳、
林歆岚

北京丽宫：夏芬芬、徐扬、岳晓芹、王建成、谷张繁、王敏

无锡天安曼哈顿：夏芬芬

杭州中大银泰圣马广场：夏芬芬、王叶晨、王敏伟、黄希江、李洪涛、谷张繁、
王建成、盛正义、方兵

重庆融汇公园：夏芬芬、焦清合、王叶晨、黄希江、王超、谷张繁、许昌、
黄伟琳、盛正义、葛伟伟、方兵

杭州龙湖金沙天街：夏芬芬、余友贤、毛恩平、夏聊、杨丽丽、黄希江、
陈杰、周克洋、谷张繁、费丽芳、盛正义、方兵

金华金地江南逸：夏芬芬、焦清合、陈杰、王叶晨、马颖杰、黄希江、王
成龙、王超、周军雄、王郑婕、黄伟琳、盛正义、葛伟伟、方兵

杭州莱蒙水榭春天：朱伟、吴沈鳃、童俊、谢佳、王建成、陈跃、阮佩珠、
盛正义、孙杰、胡康、蒋萍

大连金地艺境：朱伟、童俊、吴沈鳃、谢佳、江钊、阮佩珠、王建成、盛正义、
孙杰、方兵、胡康

千岛湖浅山：朱伟、吴沈鳃、童俊、王建成、盛正义、胡康、方兵、阮佩珠、
江钊、陈萍燕

成都世茂云湖：占敏、李超、金宗圣、胡丁文、冯娇、郭晨霞、殷一殊、黄斌、
王郑捷、蔡宝林

郑州格林公园：占敏、李巍、张娜娜、冯娇、朱珊珊、蒋萍

宁波万科华侨城欢乐海岸：余友贤、占敏、方旭、夏聊、胡丁文、金宗圣、黄斌、
冯娇、殷一殊、郭晨霞、张娜娜、任振华、陈跃

武汉金地格林东郡：占敏、陈阿瑞、金宗圣、李超、李巍、傅洪瑜、郭晨霞、
朱珊珊、周俊雄

杭州宋都香悦郡：占敏、方旭、郭晨霞、黄斌、朱珊珊、左玲

杭州中粮方圆府：占敏、陈阿瑞、金宗圣、陈跃、周俊雄、阮佩珠

海花岛植物园：占敏、陈阿瑞、胡丁文、金宗圣、殷一殊、张娜娜、曹启慧

绍兴金地自在城：占敏、方旭、郭晨霞、冯娇、黄斌、傅洪瑜、蒋萍、朱珊珊

上海中凯城市之光名邸：占敏、陈阿瑞、方旭、金宗圣、陈跃

沈阳金地长青湾：占敏、陈阿瑞、金宗圣、方旭、李超、江钊

Aha 团队：占敏、陈惠松、周瑜、金伦、甄京

图书在版编目（CIP）数据

幸福景观 / 曹宇英编著. -- 南京：江苏凤凰科学
技术出版社，2016.8
　　ISBN 978-7-5537-6831-1

　　Ⅰ. ①幸… Ⅱ. ①曹… Ⅲ. ①城市景观－景观设计－
研究－中国 Ⅳ. ①TU-856

中国版本图书馆CIP数据核字(2016)第161909号

幸福景观

总策划/编著	曹宇英
编 委 会	曹宇英、赵涤峰、夏芬芬、朱伟、占敏、郑理明、艾侠、宋晟、马楠、黄晓雯、周晟、李莹、余有贤、徐扬
编委会主任	曹宇英
执 行 编 辑	马楠
艺 术 指 导	夏芬芬、朱伟、占敏、周晟
美 术 设 计	黄晓雯、周晟、李莹
特 邀 顾 问	艾侠
项 目 策 划	凤凰空间/高雅婷
责 任 编 辑	刘屹立
特 约 编 辑	高雅婷

出 版 发 行	凤凰出版传媒股份有限公司 江苏凤凰科学技术出版社
出版社地址	南京市湖南路1号A楼，邮编：210009
出版社网址	http://www.pspress.cn
总 经 销	天津凤凰空间文化传媒有限公司
总经销网址	http://www.ifengspace.cn
经 销	全国新华书店
印 刷	北京博海升彩色印刷有限公司
开 本	889 mm×1 194 mm　1／32
印 张	6.5
字 数	166 000
版 次	2016年8月第1版
印 次	2023年3月第2次印刷
标 准 书 号	ISBN 978-7-5537-6831-1
定 价	49.00元

图书如有印装质量问题，可随时向销售部调换（电话：022-87893668）。